ちくま学芸文庫

数学基礎論

前原昭二　竹内外史

筑摩書房

まえがき

本書は，放送大学における講義『数学基礎論』用の印刷教材として作られた．数学についての特別な予備知識を仮定せずに数学基礎論を概観することを目的としたので，数学基礎論に関心を持たれる一般読者のための入門書としても役立ち得るものと考える．

数学基礎論は 20 世紀とともに始まった新しい数学の分野であり，初等中等教育における数学のなかにはその原始的形態すら見いだすことができないので，本書の第 1 章から第 10 章までを費やして，その「生い立ち」を述べた．現在すでに細分化され研究されつつある数学基礎論の各分科も，それぞれの起源をたずねれば，その多くはこの 10 章のなかで述べた諸事項のうちに見いだすことができる．

この講義を過去の数学の単なる紹介に終わらせないため，本書の最後の 5 章とそれに相当する講義を竹内外史教授にお願いし，生彩を加えて頂くことにした．読者もまた，これによって，現代の数学基礎論の息吹を多少なりとも感じて頂きたいのである．

用語と記号については，両著者の間で，必要以上には統一をはからなかった．例えば，部分集合であることを示す

記号 $\subset$ と $\subseteq$ は，まったく同じ意味に用いられている．本書では使わなかったが，$\subseteqq$ もまた同じ意味に使われる記号である．どれが数学における慣用であるかは容易には決しかねるので，そのままにしておいた．初等中等教育における教科書とは違い，記号の不統一は数学の現状であるという事実も，あわせて知っておいて頂きたい．

1990 年 1 月

前原昭二

目　次

数学基礎論

第1章　数学における集合論的方法

集　合

集合とは「物の集まり」である．ある性質をもつものの全体をひとまとめにして考えるということは，日常において始終おこなうことであるから，本来，集合とはとくに取り立てて言うほどのものではない．事実，数学においても，昔から集合は無意識のうちに多く用いられてきた．しかし，数学における基本的かつ有用な概念として集合が扱われるようになったのは，19世紀後半以後のことであり，これに寄与した数学者として特筆すべきは

デデキント（R. Dedekind, 1831–1916）
カントル（G. Cantor, 1845–1918）

の2人である．

デデキントは，彼こそが数学に集合論的方法を導入した人，とよばれてしかるべき人物である．彼は，ある種の集合をイデアルとよび，イデアルの概念を用いて，整数論における難解な理論であった「理想数の理論」を平易化した．おそらくは，これが数学における現代的な集合論的方法の始まりであろう．

数学基礎論の立場からすれば，デデキントの業績のうちとくに着目すべきは，次の２著作である．

『連続性と無理数』(1872)，
『数とは何か，何であるべきか？』(1887)

この２冊のうちの前者で，彼は集合を用いて「連続性」とよばれる実数の性質に明確な表現を与え，それによって無理数の何たるかを明らかにした．それは要するに，集合を用いての無理数の定義であり，**無理数論**とよばれる．また後者は，もっとも基本的な数である自然数の概念を定義し，自然数の諸性質や用法に論理的根拠を与えようとしたものであるが，その準備のために展開された集合と写像の一般論によって，今日の集合論的方法の基礎は完全に確立したのである．

デデキントが集合を用いた際は，既成の数学への応用ないしは既成の数学の論理的基礎づけのほうに主として重点が置かれているのに対し，カントルは，集合そのものを研究対象とする新分野を創設した．いわゆる**カントルの集合論**である．カントルにも，有理数の無限列を用いる無理数論があり，彼の集合論の研究の発端も既成の数学への応用にあったのであるが，その後の彼が力をそそいだのは，**濃度**と**順序数**についての「無限の算術」の一般論であった．

濃度とは，１個，２個，３個，というように有限個の物をかぞえるときに使う数を，無限個の物までかぞえることができるように拡張したものの総称である．カントル以前には「無限」という一語で表わしてきた内容を多くの濃度に精密に分類し，それらについての計算法や大小関係についての理論を彼は作り上げた．有限の濃度は自然数や0を用いて表わされるが，それ以外の濃度を**超限濃度**という．また，順序数とは，1番目，2番目，3番目，というように物の順序を表わすのに用いられる数であるが，カントルは，これをも**超限順序数**にまで拡張し，濃度の場合と同じく，順序数の理論を完成させた．有限の濃度と有限の順序数はいずれも0と自然数によって表わされるが，超限濃度と超限順序数は別々に扱わなければならない．

集合論のパラドックス

1900年前後の数年間に，集合論でいくつかの矛盾が発見された．それを「集合論のパラドックス」という．集合論のパラドックスとしては，通常，次の3つがあげられる．

1．ブラリ・フォルチ（Burali-Forti, 1861–1931）**のパラドックス**（1897年）　順序数全体の集合を考えると矛盾を生じる，というもの．

2．カントルのパラドックス（1899年）　あらゆる集合を集めた1つの集合を考えると矛盾を生じる，というもの．

3．ラッセル（B. Russell, 1872–1970）**のパラドックス**（1902年）　この内容は，あとで述べる．

最初のブラリ・フォルチのパラドックスには順序数の知

識が必要であるし，第2のカントルのパラドックスには濃度の概念を用いるのが普通なので，この2つについての説明は省略する．最後のラッセルのパラドックスも，集合論的方法によって矛盾が導かれることを示すものであるが，これには集合論についての特別な知識を必要としないので，これを集合論のパラドックスの代表とし，それについて述べようと思う．その前に，集合についての記法や用語のいくつかを思い起こしておく．

集合論的な記法

集合とは物の集まりであるが，その集合を構成している個々の物を，その集合の**要素**，**元素**，**元**，などという．いずれも element の訳語である．

例1　偶数全体の集合を A とすれば，$2, 4, 6$ のそれぞれは集合 A の要素である．

例2　奇数全体の集合を B とすれば，$1, 3, 5$ のそれぞれは集合 B の要素である．

A が集合であるとき，a が集合 A の要素であることを

(1)
$$a \in A$$

と表わし，「a は A に属す」と読む．例えば，例1の集合 A と例2の集合 B に対しては

(2)
$$2 \in A,\ 3 \notin A,\ 4 \notin B,\ 5 \in B$$

である．

ある条件を満たすもの全体の集合を

$$(3)\qquad \{x|\cdots\cdots\}$$

と表わす．x についての条件を …… の場所に書き，その条件を満たす x の全体からなる集合を (3) によって表わすのである．例えば，a, b, x が実数であるとしたとき，開区間 (a, b) とか閉区間 $[a, b]$ は，それぞれ次のように表わされる．

$$(4)\qquad (a, b) = \{x|a<x<b\}$$

$$(5)\qquad [a, b] = \{x|a\leqq x\leqq b\}$$

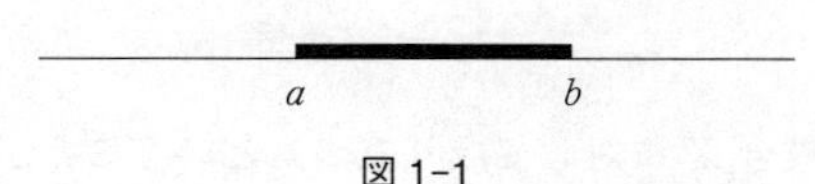

図 1-1

一般に，$F(x)$ が x についての条件であるとき，

$$(6)\qquad A = \{x|F(x)\}$$

とは，A が集合であって，任意の x に対して

$$(7)\qquad x\in A \rightleftarrows F(x)$$

が成り立つ，ということを表わしている．ただし (7) は，$\rightleftarrows$ の左右の真偽が一致している，ということを意味する．

空集合　要素が1つもない集合というものも考え，それ

を「空集合」とよび

$$(8) \qquad \phi$$

という記号で表わす．

ラッセルのパラドックス

$X \notin X$ という性質をもつ集合 X の全体からなる集合を M とする．すなわち

$$(9) \qquad M = \{X \mid X \notin X\}$$

とする．(6) と (7) とが同じことを表わしているということによれば，(9) から

$$(10) \qquad X \in M \rightleftarrows X \notin X$$

が任意の集合 X に対して成り立つ，ということがわかる．この X として集合 M を採用すれば

$$(11) \qquad M \in M \rightleftarrows M \notin M$$

が得られる．しかし，(11) の $\rightleftarrows$ の左右の真偽は正反対となり一致しないから，(11) は成り立たない．これは矛盾である．

以上を「ラッセルのパラドックス」という．

ラッセルのパラドックスからの結論　ラッセルのパラドックスの出発点 (9) は，集合 M の定義である．定義 (9)

は，任意の集合 X に対して (10) が成り立つような集合 M を考える，ということであるから，(10) とは定義 (9) の内容の説明にほかならない．そして，(10) が任意の集合 X に対して成り立つ以上，X が集合 M のときの (10)[すなわち (11)] も成り立つことになって，矛盾が生じたのであった．要するに，定義 (9) から (11) という矛盾を導く過程は単純で疑問をさしはさむ余地はなく，矛盾の原因はすべて定義 (9) にある．

さて，定義 (9) がいけない，ということになると，

$$\{x|\cdots\cdots\}$$

の……のところに勝手な条件を入れて集合を考えることは，必ずしもつねに許されることではない，ということになる．これがラッセルのパラドックスから得られた1つの結論である．

ラッセルのパラドックスからの結論は，集合の概念をまったく自由に使うことは許されない，ということである．すなわち，矛盾をふせぐためには，集合論的方法に何らかの制限を加えなければならない，ということである．

現代の数学から集合論的方法を全面的に排除することは不可能である．もし集合の概念を用いないことにすれば，無理数，実数，実数の連続性，といった基本的な概念の説明さえ不可能になる，というのが数学の現状である．してみれば，われわれは，どうしても集合論的方法に対する制

限について，1つの回答を与えなければならない．これが数学基礎論の発端となった第1の問題である．

意味論的パラドックス

集合論のパラドックスとは異質なパラドックスもある．簡単な例を2つあげよう．

例3 次の（*）という日本語の表現を考える．

（*） 百字以内の日本語で定義できない最小の自然数

百字以内の日本語というのは有限個しかなく，自然数は無限に多く存在するから，百字以内の日本語では定義できない自然数は必ず存在する．［ある日本語が1つの自然数を「定義する」とは，その日本語で表わされた自然数が1つ定まる，ということである.］百字以内の日本語で定義できない自然数が存在する以上，そのうちの最小の自然数をn_0とすれば，（*）という日本語は自然数n_0を定義している．

n_0は，百字以内の日本語では定義できない自然数の1つである．一方，（*）という日本語は21字からなっているから，もちろん百字以内の日本語である．百字以内の日本語で定義できないはずの自然数n_0が，百字以内の日本語（*）で定義できているのは矛盾である．

例4 ある黒板に次の3つの命題が書いてあり，それ以外には何も書いてないとする．

1. 2+3=7
2. 4×5=6
3. この黒板に書いてあることはみな間違っている.

1. と 2. は間違っている. もし 3. が正しいとすれば, 3. という文章の内容は間違いになる. もし 3. が間違っているとすれば, 3. という文章の内容は正しい. これは矛盾である.

この2つのパラドックスは, 集合概念には関係がない. むしろ, ときとして日常の言語表現そのものがパラドックスの原因になり得る, ということを教えている. したがって, 数学基礎論は, 数学における言語の使い方をも考慮に入れなければならない.

数学基礎論

数学基礎論に最初に与えられた課題は以上のようなものであったが, それに対処する方法は人によって異なり, 種々の立場からいろいろな意見が出された. そのうちとくに有名なのは, 次の3つである.

1. ラッセルの論理主義
2. ブラウワー(L. E. J. Brouwer, 1881-1966)の直観主義
3. ヒルベルト(D. Hilbert, 1862-1943)の形式主義

以下, 簡単にそれぞれの立場に触れておく.

論理主義　ラッセルは, 集合論的方法も集合についての

言語の使用法に過ぎず，言語の使用法全般を律するものは論理である，と考え，数学は論理の枠内でおこなうべきもの，数学とは論理そのものである，と主張した．その上で，彼は，彼の哲学に従い，絶対確実と考えられる論理の体系を作り上げた．しかし，その論理の範囲内では実数の扱いがスムーズにいかず，彼はその体系の修正を余儀なくされ，論理と数学の正当性を主張する根拠にとぼしいものとなって，数学基礎論の主流から離れていくことになった．

直観主義　ブラウワーは，数学は直観を基礎に展開すべきものであり，直観に導かれた推論が結果的に論理に従っているに過ぎないと主張し，直観を伴わない論理がパラドックスの原因である，とする．したがって，彼によれば，論理優先の現在の数学は根本からやりなおさなければならない．そして，彼はそれを実行に移し始めるのであるが，その展開は非常に複雑なものとなり，ほとんどの数学者の共感は得られなかった．

形式主義　ヒルベルトは，数学の現状における論理的構成の外見的な単純さを尊重し，それを保存すべきものと考え，ブラウワーの意見に反対する．しかし，数学的直観に裏うちされた数学的推理のみ真に確信のもてる推論である，というブラウワーの主張は受け入れざるを得なかった．ブラウワーは，数学的直観のみを基礎に数学を展開すべきであると主張したが，ヒルベルトは，直観を基礎にもつ推論によって数学に矛盾がないことを証明し，それによって数学の現状をそのまま保存する根拠にしようとした．

これをヒルベルトのプログラムという．しかし，ヒルベルトの予想に反し，これを実行するには原理的な困難がつきまとい，ヒルベルトの夢は実現していない．これについては，第7章で触れる．

公理的集合論

前述のような「数学基礎論の問題の根本的な解決」は別として，集合論的方法に対する制限をとりあえずは定めておこう，というのが「公理的集合論」である．もちろん，その制限のもとで，現在の数学がそのまま再現されなければならない．これについては，第2章で述べる．

第2章　集合論の公理

公理的集合論は**ツェルメロ**（E. Zermelo, 1871–1953）に始まり，**フレンケル**（A. A. Fraenkel, 1891–1965）がそれを補強し，さらに**フォン・ノイマン**（J. von Neumann, 1903–1957）の整備を受け，こんにちに至っている．

公理的集合論では，公理として示してあること以外の「集合の性質」を用いることは許されない．公理的集合論は，このような形で集合論的方法に制限を加えたものになっている．

以下に集合論の公理を述べる．そこでは，$a, b, \cdots, x, y, \cdots$ などの文字で集合を表わす．また

$$\to,\ \rightleftarrows,\ \wedge,\ \vee,\ \forall,\ \exists$$

などの**論理記号**を用いる．これらの記号の意味は次の通り．

$A \to B$　：A **ならば** B
$A \rightleftarrows B$　：A と B は**同値である**
$A \wedge B$　：A **かつ** B
（A と B の両方が成り立つ．A **and** B）

$A \vee B$　：A または B
（A と B のどちらか一方，または両方が成り立つ．A **or** B）
$\forall x F(x)$：すべての集合 x について $F(x)$ が成り立つ
$\exists x F(x)$：$F(x)$ が成り立つような集合 x が存在する

集合論の公理

各公理の内容的な意味は，あとの「集合論の公理の解説」の項にまとめて述べてある．

1．外延性の公理（axiom of extensionality）

$$(1)\qquad \forall x(x \in a \rightleftarrows x \in b) \to a = b.$$

「すべての x について $x \in a$ と $x \in b$ が同値であれば，a と b は同じ集合である」

確定の公理（独 Axiom der Bestimmung）ともいう．

2．分出公理（独 Axiom der Aussonderung）

$$(2)\quad \exists y \forall x(F(x) \to x \in y) \to \exists z \forall x(x \in z \rightleftarrows F(x)),$$

ただし $F(x)$ は，x についての任意の**条件**を表わす．

「条件 $F(x)$ を満たす x のすべてを要素とする集合 y が存在すれば，条件 $F(x)$ を満たす x の全体からなる集合 z が存在する」

この公理は，条件 $F(x)$ が

(3) $$\exists y \forall x (F(x) \to x \in y)$$

という性質をもつときにのみ

(4) $$z = \{x | F(x)\}$$

という集合を考えてよい，ということである．

3. 対(つい)の公理（axiom of pairing）

(5) $$\exists y \forall x [(x=a \vee x=b) \to x \in y].$$

「x が a に等しいか b に等しければ $x \in y$，という性質をもつ集合 y が存在する」

要するに（5）は，a と b を要素とする［そして，それ以外にも要素をもつかもしれない］集合 y が存在する，ということで，

(6) $$\exists y (a \in y \wedge b \in y)$$

と書いても同じことである．

分出公理（2）の $F(x)$ として

$$x=a \vee x=b$$

を用いれば，分出公理の前段（3）は（5）になり，対の公理と分出公理からの結論として，（4）に相当する集合

$$\{x | x=a \vee x=b\}$$

の存在がいえる．この集合は，a と b のみを要素とする集

合で，これを $\{a,b\}$ という記号で表わす．

定義1　$\{a,b\}=\{x|x=a\vee x=b\}$.

分出公理のもとで，対の公理は，任意の a,b に対して $\{a,b\}$ という集合が存在する，ということを主張する．

4. 和集合の公理（axiom of sum set）

(7)　$\exists y\forall x[\exists u(x\in u\wedge u\in a)\rightarrow x\in y]$.

「条件 $\exists u(x\in u\wedge u\in a)$ を満たす x のすべてを要素とする集合 y が存在する」

分出公理（2）の $F(x)$ として

$$\exists u(x\in u\wedge u\in a)$$

を用いれば，和集合の公理（7）は，任意の集合 a に対し，次のように定義される集合 $\bigcup a$ の存在を主張していることがわかる．

定義2　$\bigcup a=\{x|\exists u(x\in u\wedge u\in a)\}$.

集合 $\bigcup a$ については，「集合論の公理の解説」で説明する．

5. ベキ集合の公理（axiom of power set）

(8)　$\exists y\forall x(x\subset a\rightarrow x\in y)$.

ただし，集合 a,b の関係 $a\subset b$ は次の定義3によって定義され，$a\subset b$ が成り立つとき，a を b の**部分集合**という．

「集合 a の部分集合のすべてを要素とする集合 y が存在する」

定義 3　　$a \subset b \rightleftarrows \forall x(x \in a \to x \in b)$.

分出公理（2）の $F(x)$ として

$$x \subset a$$

を用いれば，(8) により，次のように定義される集合 $\mathcal{P}(a)$ の存在が結論される．

定義 4　　$\mathcal{P}(a) = \{x | x \subset a\}$.

集合 $\mathcal{P}(a)$ は，a の部分集合の全体からなる集合で，それを a の**ベキ集合**という．

注意　$a \subset b$ と書いても，$a \neq b$ を意味しているわけではない．$\subset$ と同じ意味で $\subseteq$ とか $\subseteqq$ と書くこともある．以前は，あとの2つを使うことが圧倒的に多かったが，最近では簡単な $\subset$ を使うことが多くなったので，ここではこの記号を用いた．本書のなかでも，あとでは $\subseteq$ を用いることもあるが，それは同じ意味のものである．

6. 置換公理（axiom of substitution）

(9)　　$\exists y \forall x[\exists u(x = f(u) \land u \in a) \to x \in y]$,

ただし $f(u)$ は任意の**1価写像**——各 u に1つずつの x を対応させる写像——を表わす．

「集合 a と1価写像 f が与えられたとき，a の或る要素 u の f による像として表わされる x をすべて要素とする集合 y が存在する」

分出公理（2）の $F(x)$ として

$$\exists u(x=f(u)\wedge u\in a)$$

を用いれば，(9) により，次のように定義される集合

$$\{f(u)|u\in a\}$$

の存在が結論される．

定義5　$\{f(u)|u\in a\}=\{x|\exists u(x=f(u)\wedge u\in a)\}$.

7. 無限公理（axiom of infinity）

(10)　$\exists y[0\in y\wedge\forall x(x\in y\rightarrow x+1\in y)]$.

8. 選択公理（axiom of choice）

(11)　$\{\forall x(x\in a\rightarrow x\neq\phi)\wedge\forall x\forall y[(x\in a\wedge y\in a\wedge x\neq y)\rightarrow x\cap y=\phi]\}\rightarrow\exists z\forall x[x\in a\rightarrow\exists u(x\cap z=\{u\})]$.

9. 基礎づけの公理（独 Axiom der Fundierung）

(12)　$a\neq\phi\rightarrow\exists x(x\in a\wedge x\cap a=\phi)$.

集合論の公理の解説

1. 外延性の公理

現代の公理的集合論の特徴の1つは，数学的対象を集合のみに限定する，ということである．集合論的方法を活用している通常の数学においても，公理的集合論以前の素朴集合論においても，例えば自然数 0, 1, 2, … ［ここでは，簡

単のため，0も自然数とよんでおくことにする］など，集合でない数学的対象も扱う．しかし，自然数についていえば，数学において重要なのは，自然数の実体が何であるかではなく，自然数のもつ機能である．だから，自然数0, 1, 2, …というものを，空集合ϕをもとにして

$$
\begin{aligned}
0 &= \phi, \\
1 &= \{0\}, \\
2 &= \{0, 1\}, \\
3 &= \{0, 1, 2\}, \\
4 &= \{0, 1, 2, 3\}, \\
5 &= \{0, 1, 2, 3, 4\}, \\
&\cdots
\end{aligned}
\tag{13}
$$

という集合として理解しても，なんら差しつかえない．のみならず，このような集合としての自然数をもとにして，有理数，実数，複素数など，その他の数学的対象はすべて集合として理解することができる．そして公理的集合論は，通常，このような考え方から出発する．

公理的集合論の対象はすべて集合である．集合を構成する個々の要素もまた集合である．

これは，公理的集合論の本質ではない．このほうが話が単純になるから，というだけの理由による．

さて，集合とは「物の集まり」であって，その要素の範囲を定めれば集合は確定する．外延性の公理（1）はそのことを表明しているもので，（1）の前段

$$\forall x(x \in a \rightleftarrows x \in b)$$

は，２つの集合 a, b の要素の範囲が一致しているということである．かりに a や b を集合と限らなければ，(1) は一般には成り立たない．$a, b, \cdots$ という文字がつねに集合を表わすとしたために，外延性の公理を (1) のような単純な形に表わせたのである．

公理の名称について　ある性質をもつ個々の物ではなく，その性質をもつ物一般を考えたとき，その性質によって１つの**概念**が定まるといい，概念を定める性質を，その概念の**内包** (intension)，その性質をもつ物の全体からなる集合を**外延** (extension) という．ここで扱う対象はすべて集合である，というのが，外延性の公理の内容である．

2.　分出公理

どのような範囲での物の集まりを集合とよんでよいか，ということについてのツェルメロの基本的な態度を表明しているのが，この分出公理である．任意に与えられた条件を満たす物の全体はすべて集合とよんでよい，という素朴集合論の立場が矛盾を含んでいることは，集合論のパラドックスの教えるところであった．そして，それに対するツェルメロの打開策は，すでに集合と認められているもの [それを y とする] の部分としてならば，どんな条件を満たす物全体の集まりも集合と認めてよい，というものであった．

条件 $F(x)$ に対して (3) が成り立つというのは，条件

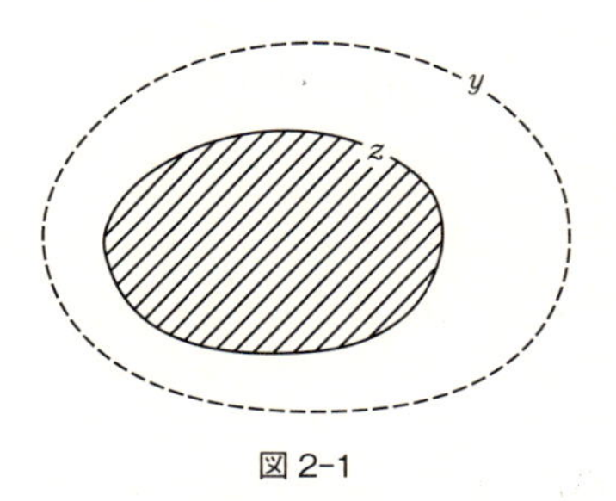

図 2-1

$F(x)$ を満たす x がすべて集合 y の要素である，少なくとも，そのような集合 y が1つは存在している，ということである．そして，そのような場合には，(4) で表わされた集合 z を考えてよい，というのが，分出公理 (2) の意味である．

公理 (2) で存在が保証される集合 z は，集合 y の部分集合である．すなわち，分出公理とは，ある集合 y があれば，y のどんな部分集合も考えてよい，ということである．この意味で，分出公理のことを**部分集合の公理**（axiom of subset）ともいう．

3. 対の公理

この公理の意味は，前に説明した通りである．

4. 和集合の公理

これについては，定義2の内容を説明すれば十分である．

任意の集合 a が与えられたとし，a の要素を $u_1, u_2, u_3, \cdots$ とする．すなわち，通常の記法で

(14) $$a = \{u_1, u_2, u_3, \cdots\}$$

とする．そして，公理的集合論では集合しか考えないので，集合 a の要素 $u_1, u_2, u_3, \cdots$ のそれぞれもまた，すべて集合である．そして，集合 $u_1, u_2, u_3, \cdots$ の和集合は，通常，$u_1 \cup u_2 \cup u_3 \cup \cdots$ と表わすのであるが，それを $\bigcup a$ と表わしたのである．

(15) $$\bigcup a = u_1 \cup u_2 \cup u_3 \cup \cdots$$

x が和集合 $u_1 \cup u_2 \cup u_3 \cup \cdots$ の要素であるとは，x が $u_1, u_2, u_3, \cdots$ のどれかの要素になっている，ということであり，言いかえると，$x \in u_i$ という u_i が存在する，ということである．これが定義２の意味である．

5. ベキ集合の公理

名称の由来　ベキとは，冪という漢字の音である．数 a に対し，$a^2, a^3, a^4, \cdots$ のことを「a のベキ」という．いま使われている用語「累乗」は，ベキと読む漢字がむずかしいので，その代用として使われ出したものである．

集合 $\{1, 2, 3\}$ の部分集合は，空集合 ϕ とそれ自身 $\{1, 2, 3\}$ を含めて，

$$\phi,\ \{1\},\ \{2\},\ \{3\},\ \{1, 2\},$$
$$\{1, 3\},\ \{2, 3\},\ \{1, 2, 3\}$$

の合計８個ある．一般に，n 個の要素からなる集合の部分集合の個数は 2^n である．すなわち，要素の個数が有限で

ある集合の部分集合の個数は「2 のベキ」になっている．集合 a のベキ集合 $\mathcal{P}(a)$ そのものを 2^a と表わすこともある．

6. 置換公理

ツェルメロによる公理的集合論のみでは通常の数学を展開するのに不十分であることを見いだし，フレンケルがさらに追加したのがこの公理である．

公理の実質的な内容は，集合 a の各要素 u を 1 価写像 f によって移した像 $f(u)$ の全体

$$\{f(u) \mid u \in a\} \tag{16}$$

もまた集合になる，ということである．

x が集合 (16) の要素であるということは，a の或る要素 u を用いて

$$x = f(u)$$

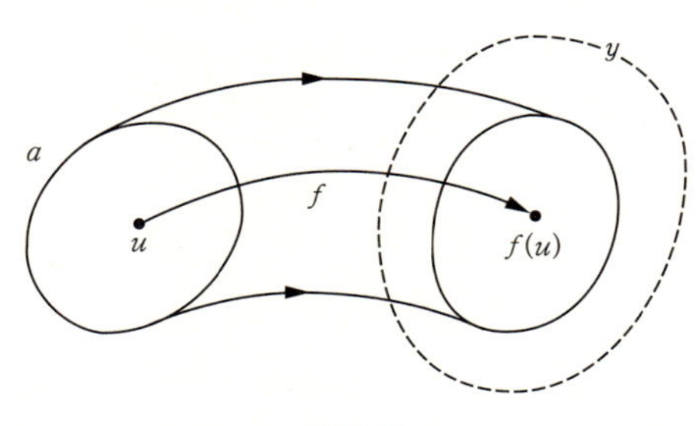

図 2-2

と書ける，ということである．これが定義5である．

分出公理によれば，(16) を集合と認めるには，(16) を部分として含む集合 y が存在すればよい．そのように表現したのが，公理 (9) である．

7. **無限公理**

無限に多くの要素をもつ集合を**無限集合**という．無限公理の実質は，無限集合が少なくとも1つ存在する，ということである．しかしデデキントが示したように，無限集合が1つでも存在すれば，それを用いて自然数の全体からなる集合

$$\text{(17)} \qquad \boldsymbol{N} = \{0, 1, 2, 3, \cdots\}$$

の存在を示すことができ，しかも，$\boldsymbol{N}$ 自身も無限集合である．そこで，公理的集合論では，自然数のすべてを要素とする集合が存在する，という形 (10) によって無限公理をいい表わすことが多い．

公理 (10) に現われる0とか $x+1$ という記号は，(13) の意味で用いている．それらは，無限公理以前の公理だけを用いて定義できるのである．

8. **選択公理**と**基礎づけの公理**については，ここでは説明を省略する．

以上の公理によって定められる公理的集合論を**ツェルメロ・フレンケルの集合論**あるいは略して**ZF 集合論**とよぶ．また，置換公理を除いたとき，**ツェルメロの集合論**という．

第３章　数学的命題の形式化

公理的集合論では，公理として示したことのみを根拠とし，それ以外のことは使わない，という形で集合概念の使用法を制限した．これは，公理的集合論によって果たすべき目標の１つであったし，この目標を定めた動機は集合論のパラドックスにあった．しかし，集合論のパラドックス以外にも意味論的パラドックスというものもあった．意味論的パラドックスの教えるところによれば，矛盾の原因は集合概念にのみあるわけではなく，数学を記述するときの言語表現そのもののなかにもあった．したがって，公理的集合論をさらに整備するためには，集合概念のみならず，集合論を記述する言語にも制限を加える必要がある．

数学を記述する言語の範囲を制限する方法として，われわれは，いくつかの「記号」を選定し，それらの記号を用いて表わされる命題のみに数学的命題の範囲を限定する，という方法を採用する．このような方法によって命題の範囲を指定することを**命題の形式化**という．

以下，公理的集合論の場合を例にとり，数学的命題の形式化の方法を説明する．

記　号

1. 変数（variable）

変数には**自由変数**（free variable）と**束縛変数**（bound variable）の2種類があり，それぞれ次のような記号を用いる．

自由変数　$a, b, c, \cdots$

束縛変数　$x, y, z, \cdots$

これらは，いずれも集合を表わす変数であるが，この2種類の使いわけについては，次の「対象式と論理式」の項で明らかになる．

2. 論理記号（logical symbol）

これは，次の6個の記号をいう．

(1)　$\neg,\ \wedge,\ \vee,\ \rightarrow,\ \forall,\ \exists.$

最初の記号 $\neg$ 以外については，その意味や使用法は前に述べた．最初の記号 $\neg$ は命題を否定するときに用いる記号で，命題 A の否定を

(2)　$\neg(A)$

と表わし，「A でない」と読む．例えば

$$\neg(a=b)$$

と書けば，$a \neq b$ を意味する．誤解の生じるおそれのないときには，カッコを省略して，$\neg(A)$ を $\neg A$ と書くこと

もしばしばあるが，原理的にはカッコは省略せず，つねに書いてあるものと考える．

3. その他の記号

$$\in \quad , \quad (\quad) \quad \{ \quad \} \quad |$$

対象式と論理式

対象式（term）とは数学の対象を表わす式，**論理式**（formula）とは数学における命題を表わす式である．集合論の研究対象は集合であるから，集合論においては，対象式とは集合を表わす式であり，論理式といえば集合論的命題を表わす式である．

「対象式」というのは，あまり定着していない訳語なので，以下では英語をそのまま用いて term ということにする．「論理式」という訳語のほうは或る程度は定着しているが，専門家の習慣に従い，これも英語を用いて formula ということにする．

1. 1 つの記号からなる term

個々の自由変数 $a, b, c, \cdots$.

2. formula

1）s と t が term のときの

$$s \in t.$$

2）A が formula のときの

$$\neg(A).$$

A と B が formula のときの

$$(A)\wedge(B),\ (A)\vee(B),\ (A)\rightarrow(B).$$

3) $F(a)$ が formula のときの

$$\forall x(F(x)),\ \exists x(F(x)).$$

ただし，a は任意の自由変数でよく，x は $F(a)$ に含まれない任意の束縛変数でよい．

上の 2) と 3) で formula をくくったカッコは，実際には省略することもあるし，[　] とか {　} のような別の形のカッコを用いることもあるが，原理的には，(　) という形のただ 1 種類のカッコが省略せずに必ず書かれているものとする．

3. 複合的な term

$F(a)$ が formula のときの

$$\{x|F(x)\}.$$

ただし，a は任意の自由変数でよく，x は $F(a)$ に含まれない任意の束縛変数でよい．

注意

1. 個々の自由変数は term であるが，束縛変数は term ではない．

2. 束縛変数とは

$$\forall xF(x),\ \exists xF(x),\ \{x|F(x)\}$$

における x のように用いる変数である.

略 記 法

公理的集合論を実際に展開していくとき, term や formula を見やすくするために, いろいろな略記法を導入するのが便利である. それは, 通常の数学における "新しい概念" の**定義**に相当する.

以下, 前章に述べた「集合論の公理」に関連する略記法を列記しておく. ≡ という記号の意味は, その左辺が右辺の略記法である, ということである.

1. $A \rightleftarrows B \equiv (A \to B) \wedge (B \to A)$
2. $a = b \equiv \forall x(a \in x \to b \in x)$
3. $a \subset b \equiv \forall x(x \in a \to x \in b)$
4. $a \cap b \equiv \{x | x \in a \wedge x \in b\}$

5*. $\bigcap a \equiv \{x | \forall u(u \in a \to x \in u)\}$

6. $\{a, b\} \equiv \{x | x = a \vee x = b\}$
7. $\{a\} \equiv \{a, a\}$
8. $\bigcup a \equiv \{x | \exists u(x \in u \wedge u \in a)\}$
9. $a \cup b \equiv \bigcup\{a, b\}$
10. $\{a, b, c\} \equiv \{a, b\} \cup \{c\}$,

---

* この定義に関連して, 次の「集合論の公理についての注意」の項の最後に補足的な説明がある.

$\{a, b, c, d\} \equiv \{a, b, c\} \cup \{d\}$,

……

11. $\mathscr{P}(a) \equiv \{x | x \subset a\}$
12. $\{f(u) | F(u)\} \equiv \{x | \exists u (x = f(u) \land F(u))\}$

ただし，$f(a)$ は任意の term，$F(a)$ は任意の formula.

13. $a \neq b \equiv \neg (a = b)$
14. $\phi \equiv \{x | x \neq x\}$
15. $0 \equiv \phi$
16. $a+1 \equiv a \cup \{a\}$
17. $\boldsymbol{N} \equiv \{z | \forall y([0 \in y \land \forall x(x \in y \rightarrow x+1 \in y)] \rightarrow z \in y)\}$

この $\boldsymbol{N}$ は，自然数 0, 1, 2, … の全体からなる集合を意味する.

18. $1 \equiv 0+1,\ 2 \equiv 1+1,\ 3 \equiv 2+1,\ 4 \equiv 3+1, \cdots$

集合論の公理についての注意

1．任意の formula $F(a)$ に対する $\{x | F(x)\}$ という表現を term として許したので，**分出公理**［第２章の (2)］を次のように変更する.

$$(3) \qquad \exists y \forall x (F(x) \rightarrow x \in y) \rightarrow \forall u [u \in \{x | F(x)\} \rightleftarrows F(u)].$$

通常は，$\{x | F(x)\}$ という表現の使用法は，(3) の後段

$$\forall u [u \in \{x | F(x)\} \rightleftarrows F(u)]$$

によるのであるが，$F(x)$ として $x \notin x [\equiv \neg (x \in x)]$ を用いると，これから矛盾が生じる（ラッセルのパラドックス）．しかし，分出公理（3）には前段

$$\exists y \forall x (F(x) \rightarrow x \in y)$$

があるので，公理的集合論の中でラッセルの論法を再現させると，それは（3）の前段の否定に相当する

(4) $$\neg \exists y \forall x (x \notin x \rightarrow x \in y)$$

を証明するにとどまり，矛盾を導くには至らない．

2. 第2章の（2）として分出公理を述べたときには，$F(x)$ は任意の「条件」であるとした．しかし，命題の形式化を目指す以上，「条件」の概念も形式化しなければならない．**分出公理**（3）における $F(x)$ は，任意の formula $F(a)$ の自由変数 a に束縛変数 x を代入したものと考える．

同様に，**置換公理**

(5) $$\exists y \forall x [\exists u (x \equiv f(u) \wedge u \in a) \rightarrow x \in y]$$

における $f(u)$ は，第2章では任意の「1価写像」と説明したが，形式化の立場からすれば，任意の term $f(a)$ の自由変数 a に束縛変数 u を代入したものと考える．

以上のように考えることによって，集合論の公理は formula としてすべて表わされることになる．

3. 集合論の公理に直接の関係はないが，上記の略記法の項の5. で定義した $\bigcap a$ についての注意を1つ，ここで述

べておく．

$a \neq \phi$ のときは

$$\exists y \forall x [\forall u (u \in a \to x \in u) \to x \in y]$$

が証明できるから，分出公理（3）によって，$\bigcap a$ は

$$\forall x [x \in \bigcap a \rightleftarrows \forall u (u \in a \to x \in u)]$$

となる集合を表わす．しかし，一般に証明できるのは

$$(6) \quad a \neq \phi \to \forall x [x \in \bigcap a \rightleftarrows \forall u (u \in a \to x \in u)]$$

ということであるから，集合 $\bigcap a$ を用いようとするときは $a = \phi$ であるかどうかに注意を払う必要がある．

第４章　数学的推論の形式化

数学的な意味における**証明**とは，公理を出発点とする一連の**論理的な推論**の積み重ねである．証明の実際においては，すでに証明されている**定理**をも証明の出発点として用いるのが普通であるが，その定理の証明をも含めて考えれば，証明の出発点は，最終的には公理のみである．

この章では，公理に続くべき論理的な推論について述べる．論理的な推論とは，集合論のような個々の数学的理論に関係なく，すべての数学的理論に共通した形式をもつ．その形式を，ここでは**推論規則**とよぶ．推論規則に従った推論が「論理的な推論」である．

実際の証明では，ここにあげた推論規則に従ういくつかの推論をまとめて１つの推論のように扱うことが多いが，それらを克明に分析すれば，以下に述べる推論規則にまで分解されるのである．

まず，推論規則の一覧表をあげる．その表の個々の図式が示す規則の内容は，次の「推論規則の説明」の項で述べる．

推論規則

∧導入 $\dfrac{A \quad B}{A \wedge B}$　∧除去 $\dfrac{A \wedge B}{A}$ $\dfrac{A \wedge B}{B}$

∨導入 $\dfrac{A}{A \vee B}$ $\dfrac{B}{A \vee B}$　∨除去 $\dfrac{A \vee B \quad \begin{matrix} A \\ \vdots \\ C \end{matrix} \quad \begin{matrix} B \\ \vdots \\ C \end{matrix}}{C}$

→導入 $\dfrac{\begin{matrix} A \\ \vdots \\ B \end{matrix}}{A \to B}$　→除去 $\dfrac{A \quad A \to B}{B}$

¬導入 $\dfrac{\begin{matrix} A \\ \vdots \\ \bot \end{matrix}}{\neg A}$　¬除去 $\dfrac{A \quad \neg A}{\bot}$

２重否定の除去 $\dfrac{\neg\neg A}{A}$

∀導入 $\dfrac{F(a)}{\forall x F(x)}$　∀除去 $\dfrac{\forall x F(x)}{F(t)}$

∃導入 $\dfrac{F(t)}{\exists x F(x)}$　∃除去 $\dfrac{\exists x F(x) \quad \begin{matrix} F(a) \\ \vdots \\ C \end{matrix}}{C}$

変数条件

1. ∀導入を用いる場合には，自由変数 a は，$F(a)$ を導く証明のどの仮定にも含まれていてはいけないし，$\forall x F(x)$ に含まれていてもいけない．

2. ∃除去を用いる場合には，自由変数 a は次の 1)，2)，3) のどれにも含まれていてはいけない．

1) $\exists x F(x)$

2) C

3) この推論の右上にある C を導く仮定のうちの，$F(a)$ 以外のすべて

推論規則の説明

「2重否定の除去」の規則を除き，推論規則は各論理記号についての**導入の規則**と**除去の規則**からなっている．

1. ∧ の規則

1.1. ∧導入　2つの formula A と B から formula $A \wedge B$ を導いてよい，ということ．A と B をこの推論の**前提**，$A \wedge B$ をこの推論の**結論**という．

内容的には，formula は命題を表わし，命題 $A \wedge B$ が成り立つとは，A と B の両方が成り立つことを意味するから，A と B の両方があれば $A \wedge B$ と結論してよい，ということを意味している．

1.2. ∧除去　2種類の規則がある．その1つは，$A \wedge B$ から A を結論してよい，ということで，もう1つは，$A \wedge B$ から B を結論してよい，ということ．

2. ∨ の規則

2.1. ∨導入　2種類の規則がある．1つは，A から $A \vee B$ を結論してよい，ということで，もう1つは，B から $A \vee B$ を結論してよい，ということ．

内容的には，命題 $A \vee B$ が成り立つとは，A と B の少なくとも一方が成り立つということであるから，例えば A

が成り立っていれば，B が成り立とうと成り立つまいと，$A \vee B$ と結論してよい．これが第1の規則である．第2の規則も同様．

2.2. ∨除去

この規則で

$$\begin{array}{cc} A & B \\ \vdots & \vdots \\ C & C \end{array}$$

と書いてあるのは，それぞれ「仮定 A から C を導く証明」ならびに「仮定 B から C を導く証明」を示している．

A を仮定しても C が成り立つことが証明され，B を仮定しても C が成り立つことが証明されれば，$A \vee B$ という前提から C が成り立つと結論してよい，というのがこの規則である．

この規則は**場合わけの証明法**を意味している．$A \vee B$ が成り立つことがわかっていても，A が成り立つのか B が成り立つのかは一般にはわからない．そこで「A が成り立つ場合」と「B が成り立つ場合」の2つの場合にわけて C を証明すれば，それで $A \vee B$ から C を証明したことになる，というのがこの証明法である．

伝統的な論理学では，この形の推論を**両刀論法**（dilemma）とよんだ．A と B を，この推論の**刀**（lemma）というのである．場合わけが3つになれば**3刀論法**，4つになれば**4刀論法**といい，一般に**多刀論法**という．

（一般的注意） 証明の出発点は公理のみである，と前に述べたが，$\vee$除去の A とか B のような「一時的な仮定」も証明の出発点になる．一般的に述べれば，証明の出発点は，公理と仮定である．

3．→ の規則

3.1．→導入

仮定 A から結論 B を導く証明があれば，そのときは $A \to B$ と結論してよい，ということ．$A \to B$ の内容的な意味は「A を仮定すれば B が成り立つ」ということである．

3.2．→除去

A と $A \to B$ という 2 つの前提から B を導いてよい，ということ．

4．¬ の規則

4.1．¬導入

ここで，$\bot$ は単独の記号で，それを**矛盾**と読む．そうすれば，この規則は**背理法**（＝**帰謬法**（きびゅうほう））による推論を表わしている．仮定 A から矛盾を導く証明があれば，$\neg A$（A でない）と結論してよい，ということである．

4.2．¬除去

A と $\neg A$ から $\bot$ を導いてよい，ということ．

要するに「矛盾（$\bot$）を導く」ということは，ある命題 A とその否定 $\neg A$ の両方を導くことである，ということを意味している．

4.3．2 重否定の除去

$\neg\neg A$ から A を導いてよい，ということ．

要するに，$\neg A$ の否定は A である，ということである．

5. ∀ の規則

5.1. ∀導入

変数 a についての何の仮定もなしに変数 a について $F(a)$ が証明されれば，それから $\forall xF(x)$ を結論してよい，ということ．

この規則を用いるときは，推論規則の一覧表の最後に述べた「変数条件」の1.が満たされていなければならない．そこで

$F(a)$ を導く証明のどの仮定にも a が含まれていない

としたのは，a についての仮定が何もない，ということを意味しているし（例8を参照），

$\forall xF(x)$ に a が含まれていない

としたのは，$F(a)$ の中の a を全部 x に書き替えたものを $F(x)$ とせよ，ということである．

この規則での a および x は，任意の自由変数および任意の束縛変数を表わしている．

5.2. ∀除去

$\forall xF(x)$ から $F(t)$ を導いてよい，ということ．

x は任意の束縛変数，t は任意の term を表わしている．

6. ∃ の規則

6.1. ∃導入

$F(t)$ から $\exists xF(x)$ を導いてよい，ということ．内容的には，$F(t)$ が成り立つような t が1つでもあれば，それで

$\exists xF(x)$ は結論できる，ということである．

x は任意の束縛変数，t は任意の term.

6.2. ∃除去

$\exists xF(x)$ に含まれない文字（＝自由変数）a を用い，仮定 $F(a)$ 以外には a について何も仮定せずに C を証明することができ，しかも C に文字 a が含まれていないときには，$\exists xF(x)$ という前提から C を結論してよい，ということ．

x は任意の束縛変数，a は「変数条件」の 2. を満たす限りにおける任意の自由変数．

推論規則の使い方の例

例 1

$$\cfrac{\cfrac{A \quad B}{A \wedge B}\wedge\text{導入} \qquad (A \wedge B) \to C}{C}\to\text{除去}$$

この図は，2 つの推論からなる証明を表わしている．この証明で使われている仮定は

$$A,\ B,\ (A \wedge B) \to C$$

の 3 つである．

例 2　例 1 の証明の 3 つの仮定のうち，とくに B に着目し，例 1 の証明を仮定 B から C を導く証明と考える．そうすると，それは，2 つの仮定

$$A \quad と \quad (A\wedge B)\rightarrow C$$

のもとでの$B\to C$の証明とも思える．そう思ったとき，それを次のように書く．

$$\dfrac{\dfrac{A \quad \overset{1}{B}}{A\wedge B} \qquad (A\wedge B)\rightarrow C}{\dfrac{C}{B\rightarrow C}\,1}$$

番号１をつけた最後の推論が「→導入」で，仮定Bの上につけた番号１は，推論１の結論を導く証明の仮定とは考えない，ということである．言いかえれば，推論１以後では，Bは仮定から除いて考える，ということである．

例３

$$\dfrac{\dfrac{\overset{2}{A} \quad \overset{1}{B}}{A\wedge B} \qquad (A\wedge B)\rightarrow C}{\dfrac{\dfrac{C}{B\rightarrow C}\,\text{→導入 1}}{A\rightarrow(B\rightarrow C)}\,\text{→導入 2}}$$

これは，ただ１つの仮定

$$(A\wedge B)\rightarrow C$$

から

$$A\to(B\to C)$$

を導く証明を表わす．A の上につけた番号 2 は，「→導入」の規則に従う推論 2 によって A が仮定から除かれた，ということを示す．

例 4

$$\cfrac{\cfrac{\cfrac{\cfrac{\cfrac{\overset{2}{A}\quad\overset{1}{B}}{A\wedge B}\qquad \overset{3}{(A\wedge B)\to C}}{C}}{B\to C}{}^{1}}{A\to(B\to C)}{}^{2}}{((A\wedge B)\to C)\to(A\to(B\to C))}{}^{3}$$

これは，仮定なしで最後の結論を証明している証明である．

例 5

$$\cfrac{\cfrac{A\wedge B}{B}\qquad \cfrac{\cfrac{A\wedge B}{A}\quad A\to(B\to C)}{B\to C}}{C}$$

この証明の仮定は

$$A\wedge B,\qquad A\to(B\to C)$$

の 2 つである．仮定 $A\wedge B$ は 2 回使われているが，使われている回数が何回あっても，仮定としては 1 つと数える．

例6

$$\cfrac{\cfrac{\cfrac{\cfrac{\overset{1}{A\land B}}{B}\qquad\cfrac{\cfrac{\overset{1}{A\land B}}{A}\qquad \overset{2}{A\to(B\to C)}}{B\to C}}{C}}{(A\land B)\to C}\,{}^{1}}{(A\to(B\to C))\to((A\land B)\to C)}\,{}^{2}$$

これは仮定なしの証明である.

例7　例4と例6の証明から

$$((A\land B)\to C)\rightleftarrows(A\to(B\to C))$$

の証明を作ることができる. $X\rightleftarrows Y$ は

$$(X\to Y)\land(Y\to X)$$

の略記号であったから, 例4と例6の証明を並べて書き, 最後に「∧導入」をおこなえばよい.

例8　a が実数を表わす変数ならば, 仮定 $a\neq0$ から $a^2>0$ を導く証明が作れる. しかし, 束縛変数 x が実数を表わすものとしても, その証明をもとにして次のような証明を作ることは許されない.

$$\cfrac{\left.\begin{array}{c} a\neq 0\\ \vdots\\ a^2>0\end{array}\right\}\text{正しい証明}}{\forall x(x^2>0)}\ \forall\text{導入}$$

なんとなれば，$a^2>0$ を導く証明の仮定 $a\neq 0$ に自由変数 a が含まれているので，最後の「∀導入」に対する「変数条件」が満たされていないからである．

しかし，次のようにすれば，それは正しい証明になる．

$$\dfrac{\dfrac{\begin{matrix}1\\ a\neq 0\\ \vdots\\ a^2>0\end{matrix}}{a\neq 0\to a^2>0}\;\to\text{導入}\,1}{\forall x(x\neq 0\to x^2>0)}\;\forall\text{導入}$$

こんどは，1という「→導入」によって仮定 $a\neq 0$ は除かれ，最後の ∀導入に対する変数条件が満たされるようになるからである．

例 9　a, b, c, x は実数を表わす変数であるとして，

$$\exists x(ax^2+bx+c=0)\to b^2-4ac\geqq 0$$

の証明は次のようになる．

$$\dfrac{\dfrac{\begin{matrix}2\\ \exists x(ax^2+bx+c=0)\end{matrix}\qquad \dfrac{\dfrac{\begin{matrix}1\\ a\alpha^2+b\alpha+c=0\end{matrix}}{(2a\alpha+b)^2=b^2-4ac}\;(1)}{b^2-4ac\geqq 0}\;(2)}{b^2-4ac\geqq 0}\;\exists\text{除去}\,1}{\exists x(ax^2+bx+c=0)\to b^2-4ac\geqq 0}\;\to\text{導入}\,2$$

ただし，(1) と (2) は純粋に論理的な推論ではなく，実数

の性質を用いた推論である．ここで用いた「∃除去」は，∃除去の推論規則において

$$F(x) \quad を \quad ax^2+bx+c=0$$
$$a \quad を \quad \alpha$$
$$C \quad を \quad b^2-4ac\geqq 0$$

としたものである．そして，これに対する「変数条件」は次のような形で満たされている．

1）α として a, b, c と違う文字（＝自由変数）を使うから，α は $\exists xF(x)$ に含まれない．

2）同じ理由で，α は C に含まれない．

3）∃除去の上にある $b^2-4ac\geqq 0$ を導くとき，$F(\alpha)$［すなわち $a\alpha^2+b\alpha+c=0$］以外の α についての仮定を用いない．

もし3）において，$a\alpha^2+b\alpha+c=0$ 以外に，例えば $\alpha>0$ というような「α についての仮定」を用いたりすれば，証明された式の前提を

$$\exists x(x>0\wedge ax^2+bx+c=0)$$

としなければならない．

第５章　数学的証明の形式化

前章で述べたものが「純粋に論理的な推論」のすべてである．したがって，formula の範囲を確定し，どのような形の formula が公理であるかを指定すれば，それだけで1つの数学的理論の枠組みが定まる．その理論で許された formula で作られる推論を，前章の例で示したようにつみ重ねてできる図式によって，その理論での証明が表わされる．このような「証明を表わした図式」を**証明図**という．

ツェルメロ・フレンケルの集合論についていえば，formula の範囲も公理の範囲もすでに示してあるから，前章の説明によって，その形式化は完成したわけである．

以下，前章の説明を補充するために，いくつかの formula について，その証明を証明図として表わす例をあげる．

例１　$\neg(A \vee B) \rightarrow (\neg A \wedge \neg B)$

証明

$$\dfrac{\dfrac{\dfrac{\dfrac{\dfrac{\overset{1}{A}}{A\vee B}\quad\overset{3}{\neg(A\vee B)}}{\bot}}{\neg A}{}^{1}\quad\dfrac{\dfrac{\dfrac{\overset{2}{B}}{A\vee B}\quad\overset{3}{\neg(A\vee B)}}{\bot}}{\neg B}{}^{2}}{\neg A\wedge\neg B}}{\neg(A\vee B)\to(\neg A\wedge\neg B)}{}^{3}$$

推論1と推論2は，いずれも「¬導入」である．¬導入でも，それに対応する仮定は除かれる．

例2　$(\neg A\wedge\neg B)\to\neg(A\vee B)$

証明

$$\dfrac{\dfrac{\dfrac{\overset{2}{A\vee B}\quad\dfrac{\overset{1}{A}\quad\dfrac{\overset{3}{\neg A\wedge\neg B}}{\neg A}}{\bot}\quad\dfrac{\overset{1}{B}\quad\dfrac{\overset{3}{\neg A\wedge\neg B}}{\neg B}}{\bot}}{\bot}{}^{1}}{\neg(A\vee B)}{}^{2}}{(\neg A\wedge\neg B)\to\neg(A\vee B)}{}^{3}$$

推論1は「∨除去」である．∨除去では，それに対応する2つの仮定が除かれる．

例1と例2の証明から

(1)　　$\neg(A\vee B)\rightleftarrows(\neg A\wedge\neg B)$

の証明を作ることができる．例1の証明図と例2の証明図を並べて書いて，最後に ∧導入をおこなえばよい．

$A \vee B$ を英語で either A or B といい，その否定 neither A nor B が (1) の左辺である．(1) の右辺は「A でもなく B でもない」ということで，左辺を表わす英語の日本語訳になっている．

例 3　$(A \to B) \to (\neg B \to \neg A)$

証明

$$\dfrac{\dfrac{\dfrac{\dfrac{\dfrac{\overset{1}{A} \quad \overset{3}{A \to B}}{B} \qquad \overset{2}{\neg B}}{\bot}}{\neg A}{\,}^{1}}{\neg B \to \neg A}{\,}^{2}}{(A \to B) \to (\neg B \to \neg A)}{\,}^{3}$$

$\neg B \to \neg A$ を $A \to B$ の**対偶**という．例 3 は，$A \to B$ からその対偶が導ける，ということを表わす formula である．

例 4　$\neg\neg A \rightleftarrows A$

証明

$$\dfrac{\dfrac{\dfrac{\overset{1}{\neg\neg A}}{A}}{\neg\neg A \to A}{\,}^{1} \qquad \dfrac{\dfrac{\dfrac{\overset{3}{A} \quad \overset{2}{\neg A}}{\bot}}{\neg\neg A}{\,}^{2}}{A \to \neg\neg A}{\,}^{3}}{(\neg\neg A \to A) \wedge (A \to \neg\neg A)}$$

例5　$A \vee \neg A$　**(排中律)**

証明

$$\dfrac{\dfrac{\dfrac{\dfrac{\dfrac{\dfrac{\overset{1}{A}}{A\vee\neg A}\quad \overset{2}{\neg(A\vee\neg A)}}{\bot}}{\neg A}{}^{1}}{A\vee\neg A}\quad \overset{2}{\neg(A\vee\neg A)}}{\bot}}{\neg\neg(A\vee\neg A)}{}^{2}}{A\vee\neg A}$$

例6　$\neg A \to (A \to B)$

証明

$$\dfrac{\dfrac{\dfrac{\dfrac{\dfrac{\dfrac{\overset{2}{A}\quad\overset{1}{\neg B}}{A\wedge\neg B}}{A}\quad \overset{3}{\neg A}}{\bot}}{\neg\neg B}{}^{1}}{B}}{A\to B}{}^{2}}{\neg A\to(A\to B)}{}^{3}$$

例6の formula は，「A が間違っていれば $A \to B$ は成り立つ」ということを示している．はじめは少し妙な気がするが，それは上のようにして証明できる．慣れてくると，便利な公式である.

例 7　$A \to A$

証明

$$\frac{\overset{1}{A}}{A \to A}\,1$$

例 7 の証明は短か過ぎて，かえって説明が必要かもしれない.

例 7 の証明が使われているただ 1 つの推論は「→導入」である．前章で述べた「推論規則」における →導入でいえば，A と B が一致している場合であり，仮定 A から $B(=A)$ を導く証明というのが，ただ 1 つの formula A からできている場合に相当する.

例 8　$a=a$

$a=b$ という formula の定義は

(2)　$$a=b \equiv \forall x(a \in x \to b \in x)$$

であったから，証明すべき formula $a=a$ は

(3)　$$\forall x(a \in x \to a \in x)$$

である.

証明

$$\cfrac{\cfrac{\overset{1}{a \in c}}{a \in c \to a \in c}1}{\forall x(a \in x \to a \in x)}\forall 導入$$

この ∀ 導入をおこなうときには，推論１ですでに仮定は除かれてしまっているから，自由変数 c についての「変数条件」は満たされている．

∀導入の変数条件についての注意

∀導入

$$\frac{F(a)}{\forall x F(x)}$$

についての「変数条件」には，自由変数 a は $\forall x F(x)$ に含まれていてはいけないという条項もあった．例８の証明の ∀ 導入に即していえば，自由変数 c が結論 $\forall x(a \in x \to a \in x)$ に含まれていてはいけない，ということである．それは，例えば

$$\cfrac{\cfrac{\overset{1}{a \in c}}{a \in c \to a \in c}1}{\forall x(a \in c \to a \in x)}$$

は正しい証明ではない，ということである．

例９　$\exists y \forall x(x \neq x \to x \in y)$

証明

$$\dfrac{\overset{(\text{例 }8)}{a=a} \qquad \overset{(\text{例 }6)}{a=a\rightarrow(a\neq a\rightarrow a\in b)}}{\dfrac{\dfrac{a\neq a\rightarrow a\in b}{\forall x(x\neq x\rightarrow x\in b)}\ \forall\text{導入}}{\exists y\forall x(x\neq x\rightarrow x\in y)}\ \exists\text{導入}}$$

ここで，（例 8）と書いた場所には例 8 の証明を書いて，（例 6）と書いた場所には，例 6 の証明の A と B を $a\neq a$ と $a\in b$ にしたものを書く．くわしくは，例 6 の証明と同様な方法で

$$A\rightarrow(\neg A\rightarrow B)$$

の証明を作り，その A と B を $a=a$ と $a\in b$ にしたものを書く，ということである．

空集合について

訂正された分出公理［第 3 章の（3)］の $F(x)$ として $x\neq x$ を用いると

$$\exists y\forall x(x\neq x\rightarrow x\in y)$$
$$\rightarrow\ \forall u[u\in\{x|x\neq x\}\rightleftarrows u\neq u]$$

が得られるが，この前段が証明できることが例 9 で示されている．よって［→除去を用いると］

$$(4)\qquad \forall u(u\in\{x|x\neq x\}\rightleftarrows u\neq u)$$

が証明できる．さらに例 8 によって $a=a$ が証明できるこ

とから，(4) より

$$(5)\qquad \forall u(u \notin \{x \mid x \neq x\})$$

が得られる．ここで空集合 ϕ の定義［第3章の「略記法」の 14.］

$$\phi \equiv \{x \mid x \neq x\}$$

を用いれば，(5) は

$$(6)\qquad \forall u(u \notin \phi)$$

ということである．(6) は「空集合は要素をもたない」ということを意味する．

ついでに，「空集合 ϕ は任意の集合 a の部分集合である」ということ

$$(7)\qquad \phi \subset a$$

も証明しておく．(7) をくわしく書くと

$$\forall x(x \in \phi \rightarrow x \in a)$$

ということであり，それは次のようにして証明できる．

$$\dfrac{\dfrac{\dfrac{\overset{(6)}{\forall u(u \notin \phi)}}{b \notin \phi} \qquad \overset{(例6)}{b \notin \phi \rightarrow (b \in \phi \rightarrow b \in a)}}{b \in \phi \rightarrow b \in a}}{\forall x(x \in \phi \rightarrow x \in a)}$$

第6章　ゲーデル数

ゲーデル（K. Gödel, 1906-1978）が**不完全性定理**とよばれる重要な定理を発表したのは1931年のことである．不完全性定理については次章で触れるが，その定理の証明に際して，ゲーデルはtermやformulaや証明図に番号をつけ，termやformulaや証明図をその番号で引用する方法を用いた．その後，この方法は数学基礎論の各方面で利用されるようになり，こんにち，この種の番号を**ゲーデル数**とよぶようになった．

ここでは，前章までに説明してきた公理的集合論を例にとり，ゲーデル数について説明する．

記号のゲーデル数

完全に形式化された公理的集合論においてわれわれが用いてきたもともとの記号は，

$$\in \quad (\quad) \quad \{ \quad \} \quad | \quad \neg \quad \wedge \quad \vee \quad \rightarrow \quad \forall \quad \exists \quad \perp$$

という13個と，あとは自由変数と束縛変数だけであった．

ただし，第3章の最初にあげた「記号」のなかにはコンマが含まれていたが，それは使うことがなかったので，ここでは除いてある．また，第4章で推論を形式化するときに必要になった「矛盾」を表わす記号 $\perp$ は加えてある．

さて，これらの記号のすべてに対し，次の (1)，(2)，(3) の各記号の下に書いてある自然数を，それぞれの記号に対応させる．

(1)

$\in$	(	)	{	}	|	$\neg$	$\wedge$	$\vee$	$\rightarrow$	$\forall$	$\exists$	$\perp$
1	2	3	4	5	6	7	8	9	10	11	12	13

(2) 自由変数

a	b	c	$\cdots$
14	16	18	$\cdots$

(3) 束縛変数

x	y	z	$\cdots$
15	17	19	$\cdots$

以上のようにして各記号に対応している自然数を，それぞれの記号の**ゲーデル数**という．

(2) は，13より大きい偶数が自由変数のゲーデル数であることを示し，(3) は，13より大きい奇数が束縛変数のゲーデル数であることを示している．

注意　自由変数も束縛変数も，原理的には無限個ずつ用意されているとする．アルファベットの数は有限だから，それは不可能だ，と考える必要はない．例えば

自由変数とは　$a_1, a_2, a_3, \cdots$
束縛変数とは　$x_1, x_2, x_3, \cdots$

ということにしておけばよい．そのうえで，自由変数 a_n のゲーデル数は $2n+12$，束縛変数 x_n のゲーデル数は $2n+13$，と定めたとするのである．

term と formula のゲーデル数

termにしてもformulaにしても，それらはすべて記号の有限列である．次の例1では，$\forall x(x \in a)$ というformulaのゲーデル数について説明する．そこでは，formulaというものの特性は何も使われず，それが記号の有限列であるという性質しか利用していない．例1のみによって，termとかformulaのゲーデル数の一般的な定義は十分に理解されるものと思う．

例1　$\forall x(x \in a)$ のゲーデル数．

このformulaは，7個の記号

$$\forall,\ x,\ (,\ x,\ \in,\ a,\ )$$

をこの順に並べたものである．したがって，これらの記号のゲーデル数からなる自然数の有限列

$$(4) \qquad 11,\ 15,\ 2,\ 15,\ 1,\ 14,\ 3$$

を与えれば，この自然数列だけから，もとのformulaが何であるかが定まる．

次に，素数2, 3, 5, 7, … と列（4）とから

$$(5) \qquad n = 2^{11} \cdot 3^{15} \cdot 5^{2} \cdot 7^{15} \cdot 11^{1} \cdot 13^{14} \cdot 17^{3}$$

として定まる自然数 n を考える．自然数の列（4）を与えれば，この自然数 n は定まるし，逆に自然数 n が与えられれば，n を（5）の右辺のように素因数分解したときの各素

数の累乗の指数の列として，自然数列 (4) を一意に定めることができ，結局，もとの formula が何であるかを定めることができる．

(5) によって定まる自然数 n を，formula $\forall x(x \in a)$ の**ゲーデル数**とよぶ．

この例1と同じ方法で「記号の有限列のゲーデル数」を一般に定義することができる．そして，そのようにすれば，任意の自然数 n が与えられると，その n が記号の有限列のゲーデル数であるかどうかを判定することができ，n が記号の有限列である場合には，その有限列を n から一意的に確定することができる．したがって，n が記号の有限列のゲーデル数である場合，n の表わす有限列が term であるか formula であるか，或いは，そのいずれでもないか，ということも，n のみをもとに判断することができるのである．

例2　term は記号の列である．例えば，自由変数 a も term であるが，term としての a は，a という記号そのものではなく，ただ1つの記号 a からなる列と考える．自由変数 a を1つの記号と考えたときのゲーデル数は 14 であるが，a を term と考えたときのゲーデル数は

(6)　$$2^{14}(=16384)$$

である．

証明図のゲーデル数

一番短い証明図［＝ただ1つの formula からなる証明図］から始め，つぎつぎに複雑な証明図へと順を追ってゲーデル数を定義していく．

1．ただ1つの formula からなる証明図の場合

ただ1つの formula A からなる証明図

(7) $$A$$

というものもある．この証明図の仮定は A で，結論も A である．とくに formula A が公理の場合には，証明図（7）は仮定をもたない．

証明図（7）の**ゲーデル数**は

(8) $$2^n$$

とする．ただし n は，formula A のゲーデル数である．

2．最後の推論が1つの前提をもつ推論の場合

1つの前提をもつ推論とは

$\wedge$除去，$\vee$導入，$\forall$除去，$\rightarrow$導入，$\neg$導入，
2重否定の除去，$\forall$導入，$\exists$導入

のことである．どれも同じことであるから，最後の推論が $\vee$導入である証明図を例にとって説明する．

例3　最後の推論が $\vee$導入である次のような証明図を

考える．

$$(9)\qquad \cfrac{\left.\begin{matrix}\vdots\\ A\end{matrix}\right\}\text{ゲーデル数}=k}{A\vee B}\ \text{最後の推論}$$

ただし，A までの証明図のゲーデル数はすでに定義されているとして，それを k とする．そのとき，証明図 (9) のゲーデル数は

$$(10)\qquad 2^n\cdot 3^k$$

とする．ただし n は，証明図 (9) の結論 $A\vee B$ のゲーデル数とする．

3. 最後の推論が２つの前提をもつ推論の場合

２つの前提をもつ推論とは

$\wedge$導入，$\rightarrow$除去，$\neg$除去，$\exists$除去

のことである．ここでは，最後の推論が $\wedge$導入である証明図を例にとって説明する．

例４　最後の推論が $\wedge$導入である次のような証明図を考える．

$$(11)\qquad \cfrac{\begin{matrix}\vdots\,(\mathrm{I})\\ A\end{matrix}\qquad \begin{matrix}\vdots\,(\mathrm{II})\\ B\end{matrix}}{A\wedge B}\ \text{最後の推論}$$

ただし，A までの証明図（I）のゲーデル数 k，および，B までの証明図（II）のゲーデル数 l はすでに定義されているとする．そのとき，証明図（11）のゲーデル数は

$$2^n \cdot 3^k \cdot 5^l \tag{12}$$

とする．ただし n は，証明図（11）の結論 $A \wedge B$ のゲーデル数とする．

4. 最後の推論が３つの前提をもつ推論の場合

３つの前提をもつ推論とは ∨除去のことで，それを最後の推論とする証明図とは，次の形をしている．

$$\dfrac{\begin{array}{ccc} & A & B \\ \vdots\ (\mathrm{I}) & \vdots\ (\mathrm{II}) & \vdots\ (\mathrm{III}) \\ A \vee B & C & C \end{array}}{C}\ \text{最後の推論} \tag{13}$$

ここで，$A \vee B$ までの証明図（I）のゲーデル数 k，仮定 A から C を導く証明（II）のゲーデル数 l，仮定 B から C を導く証明（III）のゲーデル数 m は，それぞれすでに定義されているとする．そのとき，証明図（13）のゲーデル数は

$$2^n \cdot 3^k \cdot 5^l \cdot 7^m \tag{14}$$

とする．ただし n は，証明図（13）の結論 C のゲーデル数とする．

5. 以上で「証明図のゲーデル数」の定義は完結している.

以上の定義に従えば，任意の自然数pが与えられたとき，pをゲーデル数とする証明図を，結論のほうから順に再現していくことができる．再現が完成すれば，pは証明図のゲーデル数であり，pが表わす証明図は一意的に確定する．その再現がうまくいかなければpは証明図のゲーデル数ではない.

第7章　不完全性定理

ゲーデルの不完全性定理というものは，大きくわけて2つの内容を含んでいる．それらをツェルメロ・フレンケルの集合論［以後，ZF として引用する］に即して述べれば，次のようになる．

第1不完全性定理　ZF には次のような formula U が存在する．

1）U は自由変数を含まない．
2）ZF が無矛盾ならば，U は ZF で説明できない．
3）ZF が ω 無矛盾ならば，$\neg U$ も ZF で証明できない．

第2不完全性定理　「ZF が無矛盾（consistent）である」という内容をもつ formula

$$\text{Consis} \tag{1}$$

を ZF で作ることができ，ZF が無矛盾ならば，formula (1) は ZF では証明できない．

以下，定理に使われた用語の説明を含め，これらの定理のもつ意味について，簡単な解説をつけ加える．

第1不完全性定理の1）は，U は通常の意味で真偽の確定している命題を表わしている，ということである．例えば，$a=b$ のように自由変数を含む formula は，そのままでは真偽を問題にすることはできないが，自由変数を含まない formula は，普通には，真偽の確定した命題を表わしていると考えられている．

第1不完全性定理の3）における「ω 無矛盾」という概念は，この章の最後で説明するが，ZF を内容的に理解するためにはどうしても満たしていなければならない条件である．1），2），3）を総合すれば，普通には真偽が確定している命題を表わしている formula U で，しかも，U と $\neg U$ のいずれもが証明できない formula U が存在する，というのが第1不完全性定理の意味するところである．

第2不完全性定理の内容は上記の通りであるが，それを普通には

> ZF が無矛盾ならば，ZF の無矛盾性は ZF で証明することはできない

などと言い表わすことが多い．

準備的説明

1. 第2章で述べたように，集合論では，各自然数 0, 1, 2, … をも次のような集合として理解するのであった．

$$
\begin{aligned}
&0 = \phi,\\
&1 = \{0\},\\
&2 = \{0, 1\},\\
&3 = \{0, 1, 2\},\\
&\cdots
\end{aligned}
$$

そして，形式化された集合論 ZF においては，この各集合を term によって表わすことができる［第3章の「略記法」の項参照］．われわれは，自然数 $0, 1, 2, 3, \cdots$ のそれぞれを表わす term を，太文字を用いて

(2) $$\mathbf{0},\ \mathbf{1},\ \mathbf{2},\ \mathbf{3},\ \cdots$$

と表わす．

2. 第6章で説明した「ゲーデル数」というものを用いれば，われわれは，term とか formula とか証明図とかいうものの性質や関係を，自然数の性質や関係として述べることができる．例えば，証明図 P と formula A についての

「P は A の証明である」

という関係は，自然数 a, b についての次の関係によって表わすことができる．

「a と b はそれぞれ formula と証明図のゲーデル数であって，ゲーデル数 b をもつ証明図はゲーデル数 a をもつ formula の証明である」

このような関係を，これからは

「証明図 b は formula a の証明である」

というように，簡略化した形で述べる．そして，さらに一歩を進め，自然数というものが或る種の集合であったことをも考慮に入れれば，上の関係を，2つの集合 a, b についての関係と考えることができるのである．

3. ZF においては，集合についての命題を formula で表現する．2つの集合 a, b についての

「証明図 b は formula a の**証明**（proof）である」

という命題も formula で表現することができる．その formula を

$$b \mathrm{\ Proof\ } a \tag{3}$$

と表わす．これは，自由変数 a, b を含む formula であり，これ以外の自由変数は含まない．

2つの自然数 m, n が具体的に与えられたとする．m が証明図のゲーデル数になるかどうか，n が formula のゲーデル数になるかどうかは，その都度，判定できる．そして，証明図 m と formula n が存在した場合，m が n の証明になっているかどうかも判定できる．そして，実際に m が n の証明になっているときには，formula（3）の a, b に $\boldsymbol{m}, \boldsymbol{n}$ を代入して得られる formula

$$\boldsymbol{m}\ \mathrm{Proof}\ \boldsymbol{n}$$

は証明できるのである．すなわち

(4)　　(m は n の証明である)
$\Rightarrow$ ($\boldsymbol{m}$ Proof $\boldsymbol{n}$ は証明できる)

自然数 m, n に対し，m が証明図のゲーデル数でなかったり，n が formula のゲーデル数でなかったりする場合，或いは，証明図 m や formula n があっても，m が n の証明になっていない場合には，すべて formula

$$\neg(\boldsymbol{m}\ \mathrm{Proof}\ \boldsymbol{n})$$

が証明できるのである．これを一括して

(5)　(m は n の証明でない)
$\Rightarrow$ ($\neg$($\boldsymbol{m}$ Proof $\boldsymbol{n}$) は証明できる)

と表わしておこう．

要するに (3) とは，任意の自然数 m, n に対して (4) と (5) が成り立つような formula であり，そのような formula (3) を実際に作ることができる，というのである．

formula (3) をもとにすれば

「a は**証明できる formula** (provable formula) である」という命題に対応する formula

$$\mathrm{Prov}(a)$$

も作れる．それは

$$(6)\qquad \mathrm{Prov}(a) \equiv \exists x(x\,\mathrm{Proof}\,a)$$

と定義すればよい．

注意　Prov(a) という formula に対しても

（n は証明できる formula である）
　　　　　　$\Rightarrow$（Prov$(\boldsymbol{n})$ は証明できる）

ということは成り立つ．しかし

（n は証明できる formula ではない）
　　　　　　$\Rightarrow$（$\neg$Prov$(\boldsymbol{n})$ は証明できる）

というほうは，一般には成り立たない．

4. 次の（8），(9)，(10）で述べる性質をもつ term

$$(7)\qquad g(a, b)$$

が作れる．ただし，これに含まれる自由変数は a, b のみである．この term（7）の性質とは：

(8)　　ゲーデル数が m である formula　$F(a)$

の a に $\boldsymbol{n}$ を代入して formula $F(\boldsymbol{n})$ を作ったとき

(9)　　　$F(\boldsymbol{n})$ のゲーデル数が　k

ならば，formula

(10) $$g(\boldsymbol{m}, \boldsymbol{n}) = \boldsymbol{k}$$

は証明できる.

5. 決定不能命題 $\boldsymbol{U}$ の定義

(11) $$Q(a) \equiv \neg \mathrm{Prov}(g(a, a)),$$
$Q(a)$ のゲーデル数を　p

として，formula $Q(a)$ および自然数 p を定義し，

(12) $$U \equiv Q(\boldsymbol{p}) \equiv \neg \mathrm{Prov}(g(\boldsymbol{p}, \boldsymbol{p})),$$
U のゲーデル数を　q

として，formula U および自然数 q を定義する.

(8), (9) における formula $F(a)$ として $Q(a)$ を用いると，(11) の後半によって m は p となり，さらに n としても p を用いると，(12) によって (9) の k は q となる．したがって，(9) と (10) により，formula

(13) $$g(\boldsymbol{p}, \boldsymbol{p}) = \boldsymbol{q}$$

は証明できることになり，これと (12) の前半によって，formula

(14) $$U \rightleftarrows \neg \mathrm{Prov}(\boldsymbol{q})$$

が証明できることがわかる.

とくに，(12) の前半が formula U の定義である．この U の定義から，第 1 不完全性定理の 1) は結論される.

第１不完全性定理の２）の証明

formula U が証明できると仮定し，ZF が矛盾する［ZF で $\perp$ が証明できる］ということを導けばよい．

U が証明できるという仮定により，U の証明となる証明図が存在する．

$$U \text{ の証明図のゲーデル数を} \quad m$$

とすれば，formula

（15）　$$\boldsymbol{m}\ \mathrm{Proof}\ \boldsymbol{q}$$

が証明できる．U のゲーデル数が q だからである．

formula（15）が証明できれば

（16）　$$\exists x(x\ \mathrm{Proof}\ \boldsymbol{q})$$

も証明できる．

（6）によれば，（16）とは $\mathrm{Prov}(\boldsymbol{q})$ である．これと（14）によれば，$\mathrm{Prov}(\boldsymbol{q})$ と $\neg\mathrm{Prov}(\boldsymbol{q})$ の両方が証明できることになり，ZF は矛盾する．これで証明は終わる．

第２不完全性定理について

「ZF が矛盾する」というのは「$\perp$ が［ZF で］証明できる」ということである．$\perp$ のゲーデル数は 13 であり，記号の列と考えたときの $\perp$ のゲーデル数は 2^{13} であるから，formula

$$\mathrm{Prov}(\mathbf{2}^{13})$$

は「ZF が矛盾する」という命題を表わす formula である．したがって，

$$\text{(17)} \qquad \mathrm{Consis} \equiv \neg\mathrm{Prov}(\mathbf{2}^{13})$$

として定義される Consis は「ZF は**無矛盾**（consistent）である」という命題を表わす formula である．

さて，第 1 不完全性定理の 2）は

ZF が無矛盾ならば，U は ZF で証明できない

ということであったが，これは

$$\text{(18)} \qquad \mathrm{Consis} \rightarrow \neg\mathrm{Prov}(\boldsymbol{q})$$

という formula で表わされる．何となれば，(12) の後半によれば，U のゲーデル数が q だったからである．

第 1 不完全性定理の全証明を形式化して ZF の証明図として書くと，formula (18) の証明図が得られ，(18) は証明できる．したがって，(14) によれば，formula

$$\text{(19)} \qquad \mathrm{Consis} \rightarrow U$$

が証明できることもわかる．そして，このことから，ZF が無矛盾ならば Consis は証明できない，ということがわかる．何となれば，もし Consis が証明できたとすれば，(19) により，U も証明できることになり，第 1 不完全性定

理の 2）に反するからである.

第 1 不完全性定理の 3）について

第 1 不完全性定理の 3）は，ある前提のもとで，$\neg U$ が証明できないことを主張するものである.（14）によれば

$$\neg U \rightleftarrows \mathrm{Prov}(\boldsymbol{q})$$

は証明できるから，$\neg U$ が証明できないとは，

（20）$$\mathrm{Prov}(\boldsymbol{q})$$

が証明できないということと同じである. 以下では formula（20）が証明できないことを証明する話の筋道を示す. それは，（20）が証明できたとすると何が起こるか，ということを調べることである.

いま，formula (20) が証明できたとする.（6）によれば，（20）が証明できることは，formula

$$\exists x(x\ \mathrm{Proof}\ \boldsymbol{q})$$

が証明できる，ということであるが，$x\ \mathrm{Proof}\ \boldsymbol{q}$ は「x が自然数である」ということまで含めて表現しているから，自然数全体の集合 $\boldsymbol{N}$ を用いて，

（21）$$\exists x(x \in \boldsymbol{N} \wedge x\ \mathrm{Proof}\ \boldsymbol{q})$$

が証明できる，と言っても同じことである.

一方，第 1 不完全性定理の 2）によれば，［ZF が無矛盾

ならば］U は証明できない．すなわち，いかなる自然数 m も q の証明ではない［q は U のゲーデル数］．したがって，(5) によれば，任意の自然数 m に対し，

(22) $$\neg(m \text{ Proof } \boldsymbol{q})$$

は証明できる．b Proof $\boldsymbol{q}$ という formula を $F(b)$ と表わせば

(23) $\neg F(\mathbf{0}), \neg F(\mathbf{1}), \neg F(\mathbf{2}), \cdots$ という formula は，すべて証明できる

ということである．$F(b)$ という略記法を用いれば，(21) が証明できるということは

(24) $\exists x(x \in \boldsymbol{N} \wedge F(x))$ は証明できる

と言い表わせる．

(23) と (24) の両方が言えるような formula $F(b)$ が存在すれば，ZF は内容的に矛盾している．しかし，それは「$\perp$ が証明できる」という形式的な矛盾にはならない．(23) と (24) の両方が成り立つような formula $F(b)$ が存在するとき，ZF は ω **矛盾する**という．ω 矛盾しないことを ω **無矛盾**というのである．

以上によって，ZF が ω 無矛盾ならば，$\neg U$ は証明できない，ということがわかる．その説明には，ω 無矛盾ならば普通の意味でも無矛盾である，という事実も使われている．

第8章　自然数論の形式化

現代の数学では，自然数についての理論を展開する場合にも集合論的な方法を利用するのが通例である．歴史的に見れば，現代の集合論的方法は，デデキントが自然数の理論を展開するために完成したものとさえいえる．しかし，理論の範囲を限定すれば，集合論的方法をまったく用いない自然数の理論というものを考えることもできる．ここでは，集合論的方法を用いない自然数の理論を，簡単のため，単に**自然数論**という．

以下，自然数論の形式化について述べる．また，これを機会に，ゲンツェン（G. Gentzen, 1909–1945）によって始められた「ゼクエンツを用いる論理の表現法」を紹介しておく．ゼクエンツによる方法は，自然数論の形式化に不可欠なものでもなく，また，自然数論の形式化に特有なものでもない．

ゼクエンツ（独 Sequenz）

英語で書くときは，sequent とする．

ゼクエンツとは，$A_1, A_2, \cdots, A_m, B$ という formula を用いて作られる，

$$(1)\qquad A_1, A_2, \cdots, A_m \to B$$

という形の表現である．$A_1, A_2, \cdots, A_m$ を**仮定**または**左辺**といい，B を**結論**または**右辺**という．

ゼクエンツ（1）の内容的な意味は，仮定 $A_1, A_2, \cdots, A_m$ のもとで命題 B が成り立つ，ということである．

（1）における m は0でもよい．$m=0$ のときの（1）は，左辺が空のゼクエンツ

$$(2)\qquad \to B$$

である．その内容的な意味は，なんの仮定もなしに命題 B が成り立つ，ということである．

右辺が空のゼクエンツ

$$(3)\qquad A_1, A_2, \cdots, A_m \to$$

というものも考える．内容的な意味は「仮定 $A_1, A_2, \cdots, A_m$ は矛盾する」ということで，

$$(4)\qquad A_1, A_2, \cdots, A_m \to \perp$$

と同じことを表わす．ただし，通常は，ゼクエンツを用いるときには，矛盾を表わす記号 $\perp$ は使わない．

左辺も右辺も空のゼクエンツ

$$(5)\qquad \to$$

というものも，ゼクエンツの仲間に入れる．なんの仮定も

なしに矛盾を生じる，ということを意味する．

もっとも一般な形におけるゼクエンツは，$m \geqq 0, n \geqq 0$ として，左辺も右辺も複数の formula からなる

(6)　$$A_1, A_2, \cdots, A_m \to B_1, B_2, \cdots, B_n$$

というものである．その内容的意味は，仮定 $A_1, A_2, \cdots, A_m$ のもとで $B_1, B_2, \cdots, B_n$ のうちのどれかが成り立つ，ということで，

(7)　$$A_1 \wedge A_2 \wedge \cdots \wedge A_m \to B_1 \vee B_2 \vee \cdots \vee B_n$$

と同じことになる．

ゼクエンツの左辺や右辺に出てくる formula の列を［formula が１つもない「空な列」をも含めて］

(8)　$$\Gamma,\ \Delta,\ \Theta,\ \Lambda,\ \cdots$$

というギリシャ文字の大文字で表わす．すなわち，ゼクエンツを一般に表わすときに

(9)　$$\Gamma \to \Theta$$

と書いたりするのである．

論理記号 ⊃

ゼクエンツに用いた記号 → は，論理記号と区別する．したがって前章まで使ってきた論理記号 → は用いない．論理記号としては → の代わりに ⊃ という記号を用いる．

これからは，formula A, B に対して

$$A \to B \tag{10}$$

と書けば，これはゼクエンツであり，

$$A \supset B \tag{11}$$

と書けば，これは formula である．

論理体系 NK，LK

第 4 章で述べた「数学的推論の形式化」の方法も，これから述べる「ゼクエンツを用いる方法」も，いずれもゲンツェンによる．ゲンツェンは，前者を NK，後者を LK と名づけた．これらは，内容的には完全に同じものなのであり，表現形式においてのみ異なる．

第 4 章で述べた NK は，もともと，できるだけ実際の推論に近い形の理論体系を作る目的で得られた体系で，NK の N は natürlich（＝natural＝**自然な**）を意味する．それに対し，これから述べる LK は，記号論理的な別の目的から作られた体系であり，LK の L は logistisch（＝**記号論理的な**）ということを意味している．

NK と LK という 2 つの名称に共通の K という文字は klassisch（＝classical＝**古典的**）ということを表わしている．第 11 章で述べる「直観主義の論理」に対し，普通の論理を「古典論理」とよぶことに由来している．

LKの推論規則

ゼクエンツの構造に関するもの

$$\frac{\Gamma \to \Theta}{D, \Gamma \to \Theta} \quad \frac{\Gamma \to \Theta}{\Gamma \to \Theta, D}$$

$$\frac{\Gamma, E, D, \Delta \to \Theta}{\Gamma, D, E, \Delta \to \Theta} \quad \frac{\Gamma \to \Theta, D, E, \Lambda}{\Gamma \to \Theta, E, D, \Lambda}$$

$$\frac{D, D, \Gamma \to \Theta}{D, \Gamma \to \Theta} \quad \frac{\Gamma \to \Theta, D, D}{\Gamma \to \Theta, D}$$

$$\frac{\Gamma \to \Theta, D \quad D, \Delta \to \Lambda}{\Gamma, \Delta \to \Theta, \Lambda}$$

これらは，上から順に，次のような規則を示している．

1）ゼクエンツの左辺および右辺に任意の formula をつけ加えてよい．

2）ゼクエンツの左辺および右辺にある formula の順序を入れ替えてよい．

3）ゼクエンツの左辺においても右辺においても，重複して現われる formula は1つにしてよい．

4）Θ と Δ が空で，Γ と Λ がそれぞれ1つの formula C および E であるときは，

$$\frac{C \to D \quad D \to E}{C \to E}$$

という一番単純な形の三段論法になる．最後の推論規則は，この種の三段論法の形式を一般化して表わしたものである．

論理記号に関するもの

∧右

$$\frac{\Gamma \to \Theta, A \quad \Gamma \to \Theta, B}{\Gamma \to \Theta, A \wedge B}$$

∨左

$$\frac{A, \Gamma \to \Theta \quad B, \Gamma \to \Theta}{A \vee B, \Gamma \to \Theta}$$

∧左

$$\frac{A, \Gamma \to \Theta}{A \wedge B, \Gamma \to \Theta}$$

$$\frac{B, \Gamma \to \Theta}{A \wedge B, \Gamma \to \Theta}$$

∨右

$$\frac{\Gamma \to \Theta, A}{\Gamma \to \Theta, A \vee B}$$

$$\frac{\Gamma \to \Theta, B}{\Gamma \to \Theta, A \vee B}$$

∀右

$$\frac{\Gamma \to \Theta, F(a)}{\Gamma \to \Theta, \forall x F(x)}$$

∃左

$$\frac{F(a), \Gamma \to \Theta}{\exists x F(x), \Gamma \to \Theta}$$

∀左

$$\frac{F(t), \Gamma \to \Theta}{\forall x F(x), \Gamma \to \Theta}$$

∃右

$$\frac{\Gamma \to \Theta, F(t)}{\Gamma \to \Theta, \exists x F(x)}$$

¬右

$$\frac{A, \Gamma \to \Theta}{\Gamma \to \Theta, \neg A}$$

¬左

$$\frac{\Gamma \to \Theta, A}{\neg A, \Gamma \to \Theta}$$

⊃右

$$\frac{A, \Gamma \to \Theta, B}{\Gamma \to \Theta, A \supset B}$$

⊃左

$$\frac{\Gamma \to \Theta, A \quad B, \Delta \to \Lambda}{A \supset B, \Gamma, \Delta \to \Theta, \Lambda}$$

変数条件　∀右および ∃左における自由変数 a は，その推論の下側のゼクエンツ

$$\Gamma \to \Theta, \forall x F(x) \quad \text{および} \quad \exists x F(x), \Gamma \to \Theta$$

に含まれていてはいけない．

これに反し，∀左および ∃右における t としては，任意の term を用いてよい．

証明図の一番上にあるゼクエンツ

証明図の一番上にあるのは，証明の出発点となるゼクエンツである．それを**グルントゼクエンツ**（独 Grund-sequenz）という．グルントゼクエンツには，次の２種類がある．

1．論理的なグルントゼクエンツ

それは

(12) $$D \to D$$

という形のゼクエンツで，D は任意の formula である．純粋な論理としての LK で許されるグルントゼクエンツは，この種のゼクエンツだけである．

2．数学的なグルントゼクエンツ

(13) $$\to E$$

というゼクエンツである．例えば LK の形式を用いて集合論 ZF を形式化する場合には，(13) の E として許されるのが「ZF の公理」である．

以上によって，論理体系としての LK の説明は終わった．第４章で述べた論理体系 NK との同等性についての

くわしい説明は

前原昭二『数理論理学——数学的理論の論理的構造』（培風館，1973）

を参照されたい．

自然数論の term

自然数論における term とは，特定または不特定な自然数に対する形式的な表現で，ここでは，次の 1)，2)，3) によって term と認められるものだけを考える．

1) 数字 0, 1, 2, …, 9, 10, 11, … のそれぞれは term である．
2) 個々の自由変数は term である．
3) s と t が term ならば，$s+t$, $s \cdot t$, s' は term である．

公理的集合論での 0, 1, 2, … は，ある種の term の略記法であった．ここでは，そのようには考えず，10 進記数法で書かれた自然数をすべて数字とよび，それをそのまま一種の term と考える．自由変数や束縛変数は，公理的集合論のときと同じ文字を用いるが，自然数論では，自由変数・束縛変数はすべて自然数を表わす変数である．

例 1　$(a+b)^2$ は term である．

自然数論の formula

s と t が term であるとき

$$(14) \qquad s = t$$

は formula であるとする．公理的集合論のときは，＝は略記法として導入されたが，ここでは，＝は最初から与えられている記号とする．そして，自然数論では，(14) という形の formula だけをもとにして，あとは，論理記号と束縛変数を用いて

$$A \wedge B,\ A \vee B,\ A \supset B,\ \neg A,\ \forall x F(x),\ \exists x F(x)$$

という形の formula を作るという操作を繰り返しおこなって得られる formula だけを考えるのである．

例 2　$\exists x(a+x=b)$ は formula である．この formula を

$$(15) \qquad a \leqq b$$

と略記する．

例 3　$(a \leqq b) \wedge \neg(a=b)$ は formula である．これを

$$(16) \qquad a < b$$

と略記する．

自然数論の公理

以下は，加法 $a+b$，乗法 ab，累乗 a^b のみを基本的な演算としたときの公理である．もし基本的な演算を追加する

ことがあれば，そのときは，それに応じて公理を追加しなければならない．

1. $\forall x(x=x)$
2. $\forall x \forall y(x=y \supset y=x)$
3. $\forall x \forall y \forall z[(x=y \wedge y=z) \supset x=z]$
4. $\forall x \forall y \forall u \forall v[(x=u \wedge y=v) \supset x+y=u+v]$
5. $\forall x(x+0=x)$
6. $\forall x \forall y[x+(y+1)=(x+y)+1]$
7. $\forall x \neg(x+1=0)$
8. $\forall x \forall y(x+1=y+1 \supset x=y)$
9. $\forall x \forall y \forall u \forall v[(x=u \wedge y=v) \supset xy=uv]$
10. $\forall x(x0=0)$
11. $\forall x \forall y[x(y+1)=xy+x]$
12. $\forall x \forall y \forall u \forall v[(x=u \wedge y=v) \supset x^y=u^v]$
13. $\forall x(x^0=1)$
14. $\forall x \forall y(x^{y+1}=x^y x)$
15. $0+1=1$，$1+1=2$，$2+1=3$，$\cdots$

数学的帰納法（推論規則）

これは，論理的な推論規則ではなく，自然数論に特有な推論規則である．

$$\frac{F(a), \Gamma \rightarrow \Theta, F(a+1)}{F(0), \Gamma \rightarrow \Theta, F(t)}$$

ただし，$F(a)$ は任意の formula，t は任意の term であるが，自由変数 a は次の変数条件を満たさなければならない．

変数条件　自由変数 a は下側のゼクエンツ $F(0), \Gamma \rightarrow \Theta$, $F(t)$ に含まれていてはいけない．

NK と LK の同等性

NK と LK が同等であるとは，これらについて次の2つの定理が成り立つということである．

定理1　NK において仮定 Γ から C が証明できれば，LK において $\Gamma \rightarrow C$ が証明できる．

定理2　LK において $\Gamma \rightarrow C$ が証明できれば，NK において仮定 Γ から C が証明できる．

以上において，C が矛盾 $\perp$ の場合の $\Gamma \rightarrow C$ は右辺が空のゼクエンツ $\Gamma \rightarrow$ を意味するものとし，この場合を除いて，formula は一般に $\perp$ という記号を含まないとする．

定理1の証明　仮定 Γ から C を導く NK の証明図 **P** が与えられたとし，$\Gamma \rightarrow C$ を導く LK の証明図 **Q** を作る方法を述べる．

1．**P** がただ1つの formula D からできている場合．仮定 Γ は D，結論 C も D である．よって，$D \rightarrow D$ だけからなる LK の証明図を **Q** とすればよい．

2．**P** の最後が $\forall$ 導入

$$\frac{F(a)}{\forall x F(x)}$$

である場合．$F(a)$ までの証明図に対応する LK の証明図を作り，その最後に ∀右

$$\frac{\Gamma \to F(a)}{\Gamma \to \forall x F(x)}$$

を追加すれば **Q** となる．［∀右には変数条件があるが，∀導入に対する変数条件によって，それは満たされている．］

P の最後が ∧導入，∨導入，∃導入の場合は同様．

3. **P** の最後が ¬導入で，**P** が

$$\cfrac{\begin{matrix} \overset{1}{A} \\ \vdots \\ \bot \end{matrix}}{\neg A}\,1$$

という形をしている場合．⊥ までの証明図に対応する LK の証明図を作ると，その最後のゼクエンツは

$$\Gamma_1, A, \Gamma_2, A, \Gamma_3, \cdots, \Gamma_n \to$$

という形をしている．ゼクエンツの構造に関する推論規則をこれに適用し，

$$A, \Gamma \to$$

という形に変形したあとで ¬右

$$\frac{A, \Gamma \to}{\Gamma \to \neg A}$$

をおこなったものを **Q** とする.

P の最後が ⊃導入の場合も同様.

4. **P** の最後が ∀除去

$$\frac{\forall x F(x)}{F(t)}$$

の場合. $\forall x F(x)$ までの証明図に対応し, $\Gamma \to \forall x F(x)$ を導く LK の証明図を作り

$$\cfrac{\Gamma \to \forall x F(x) \quad \cfrac{F(t) \to F(t)}{\forall x F(x) \to F(t)}\,\forall 左}{\Gamma \to F(t)}$$

とする.

P の最後が ∧除去の場合も同様.

5. **P** の最後が ∃除去で, **P** が

$$\cfrac{\begin{array}{c} \\ \vdots \\ \exists x F(x) \end{array} \quad \begin{array}{c} \overset{1}{F(a)} \\ \vdots \\ C \end{array}}{C}\,1$$

という形をしている場合. 最後の ∃ 除去の前提 $\exists x F(x)$ と C を導くそれぞれの証明図に対応する LK の証明図を作り,

$$\dfrac{\begin{matrix}\vdots \\ \Gamma_1 \rightarrow \exists x F(x)\end{matrix} \qquad \dfrac{\begin{matrix}\vdots \\ F(a), \Gamma_2 \rightarrow C\end{matrix}}{\exists x F(x), \Gamma_2 \rightarrow C}\ \exists\text{左}}{\Gamma_1, \Gamma_2 \rightarrow C}$$

とする．［この ∃左に対する変数条件は，もとの ∃除去に対する変数条件によって満たされている．］

P の最後が ∨除去の場合も同様.

6. **P** の最後が ¬除去

$$\dfrac{A \quad \neg A}{\bot}$$

の場合．A と $\neg A$ のそれぞれまでの証明図に対応する LK の証明図を作り，

$$\dfrac{\begin{matrix}\vdots \\ \Gamma_2 \rightarrow \neg A\end{matrix} \qquad \dfrac{\begin{matrix}\vdots \\ \Gamma_1 \rightarrow A\end{matrix}}{\neg A, \Gamma_1 \rightarrow}\ \neg\text{左}}{\Gamma_2, \Gamma_1 \rightarrow}$$

とする．

7. **P** の最後が ⊃除去

$$\dfrac{A \quad A \supset B}{B}$$

の場合．A と $A \supset B$ のそれぞれまでの証明図に対応する LK の証明図を作り，

$$\dfrac{\begin{matrix}\vdots\\ \Gamma_2 \to A \supset B\end{matrix} \qquad \dfrac{\begin{matrix}\vdots\\ \Gamma_1 \to A \quad B \to B\end{matrix}}{A \supset B, \Gamma_1 \to B}\supset\text{左}}{\Gamma_2, \Gamma_1 \to B}$$

とする．

8．**P** の最後が２重否定の除去

$$\frac{\neg\neg A}{A}$$

の場合．$\neg A$ までの証明図に対応する LK の証明図を作り，

$$\dfrac{\begin{matrix}\vdots\\ \Gamma \to \neg\neg A\end{matrix} \qquad \dfrac{\dfrac{A \to A}{\to A, \neg A}\neg\text{右}}{\neg\neg A \to A}\neg\text{左}}{\Gamma \to A}$$

とする．（証明終わり）

定理２の証明の方針

定理２を証明するには，次の２つの補助定理を証明すれば十分である．

補助定理１　NK においては，次の２つのことのうちの一方が成り立てば，他方も成り立つ．

　仮定 Γ から C が証明できる

　仮定 $\Gamma, \neg C$ から矛盾 $\perp$ が証明できる

補助定理２　LK において $\Gamma \to \Theta$ が証明できれば，NK

において仮定$\Gamma, \neg\Theta$から矛盾$\perp$が証明できる．ただし$\neg\Theta$とは，Θが

$$B_1, B_2, \cdots, B_n$$

という列のときは，

$$\neg B_1, \neg B_2, \cdots, \neg B_n$$

という列を意味し，Θが空な列のときは，空な列を意味する．

この2つの補助定理を用いれば，定理2は次のようにして示される．すなわちLKにおいて$\Gamma \to C$が証明できれば，補助定理2のΘをCにすることにより，NKにおいて仮定$\Gamma, \neg C$から$\perp$が証明できることがわかり，補助定理1により，仮定ΓからCが証明できることがわかる．

のみならず，補助定理1は，補助定理2を証明するときにも用いられる．

補助定理1の証明　仮定ΓからCを導く証明が与えられれば，

$$\dfrac{\begin{matrix}\vdots \\ C\end{matrix} \quad \neg C}{\perp}$$

とすることによって，仮定$\Gamma, \neg C$から$\perp$を導く証明が得られる．また，仮定$\Gamma, \neg C$から$\perp$を導く証明があれば，

$$\dfrac{\dfrac{\begin{array}{c}1\\ \neg C\\ \vdots\\ \bot\end{array}}{\neg\neg C}\,1}{C}$$

として，仮定ΓからCを導く証明が得られる．(証明終わり)

補助定理2の証明の概要　$\Gamma\to\Theta$を導くLKの証明図**P**が与えれらたとして，仮定$\Gamma, \neg\Theta$から$\bot$を導くNKの証明図**Q**を作る方法を述べる．

1．**P**がグルントゼクエンツ$D\to D$のみからできている場合．

$$\frac{D \quad \neg D}{\bot}$$

を**Q**とすればよい．

2．**P**が2つ以上のゼクエンツを含む場合．

Pの最後の推論が「推論規則」(ゼクエンツの構造に関するもの，論理記号に関するもの)のどれに従っているかによって，すべての場合にわけて考える．ここでは，それが$\forall$右および$\forall$左である場合だけを述べる．

2.1．**P**の最後が$\forall$右

$$\frac{\Gamma\to\Theta, F(a)}{\Gamma\to\Theta, \forall xF(x)}$$

である場合．$\Gamma \to \Theta, F(z)$ までの証明図に対応する

仮定 $\Gamma, \neg\Theta, \neg F(a)$ から $\perp$ を導く NK の証明図

を作り，補助定理 1 によって，仮定 $\Gamma, \neg\Theta$ から $F(a)$ を導く証明図を作る．その最後に

$$\dfrac{\dfrac{F(a)}{\forall x F(x)}\forall\text{導入} \qquad \neg\forall x F(x)}{\perp}\neg\text{除去}$$

をつけ加えたものを **Q** とする．∀導入に対する変数条件は，∀右に対する変数条件によって満たされている．

2.2. **P** の最後が ∀左

$$\dfrac{F(t), \Gamma \to \Theta}{\forall x F(x), \Gamma \to \Theta}$$

である場合．$F(t), \Gamma \to \Theta$ までの証明図に対応する

仮定 $F(t), \Gamma, \neg\Theta$ から $\perp$ を導く NK の証明図

を作り，そこでの仮定 $F(t)$ のすべての上に

$$\dfrac{\forall x F(x)}{F(t)}\forall\text{除去}$$

をつけ加えたものを **Q** とすればよい．

第９章　自然数論に対する無矛盾性証明の必要性

ヒルベルトによる形式主義の数学基礎論の第１の目標は，数学の無矛盾性を証明することであった．しかし，それはゲーデルの第２不完全性定理と深く関係し，ヒルベルトの初期の予想をはるかに超える困難な問題である，ということがわかってきた．現在のところ，実数の理論についてさえ，十分に満足のいく無矛盾性証明はできていない．

ここでは，自然数論に対するゲンツェンによる無矛盾性証明を取り上げ，その意味と方法について，この章と次の章とで，その説明をおこなう．

ここでまず問題となるのは，自然数論のような簡単な理論に対しなぜ無矛盾性の証明などが必要なのか，ということである．言い換えれば，自然数論の無矛盾性などは，証明するまでもない自明なことではあるまいか，ということである．そこで，その辺の情況を明らかにするために，ゲンツェンに従って，数学に対する２つの理解の仕方の相違についての説明から始める．

数学の構成的理解と実在論的理解

1. 構成的理解（独 konstruktive Auffassung）

これは，いわば小学校における数の理解の仕方である．小学校では，例えば1年生では100までの数，2年生では10000まで，というように，習う数の範囲は徐々にふえていく．自然数に限って言えば，1から出発し，小さいほうから順に大きい数へと進んで行き，いかなる時点においても，それまでに知り得た数は有限にとどまる．そこで教えられていることは，「自然数」という概念ではなく，個々の自然数の作り方であり，自然数の系列の構成の仕方である．自然数のこのような理解の仕方を，自然数の**構成的**（constructive）**な理解**とよぶ．

2. 実在論的理解（独 an-sich Auffassung）

ドイツ語の an sich は「それ自体」ということであるが，その言葉がここで意味する内容を勘案し，それを仮りに「実在論的」と訳したのである．

ここで**実在論的理解**と名づけた考え方は，中学校以後の，或いは少なくとも高等学校以後の数学における最も普通の考え方であり，高等学校以後の数学になじんだ読者にはそれを力説する必要もないほどに平凡な考え方である．ひとことで言えば，われわれが数学を考える以前から，数学の対象**それ自体**はすでに存在している，という考え方である．

中学校や高等学校で**数直線**というものを学ぶ．数直線では，0と1という相異なる2点があらかじめ定められてい

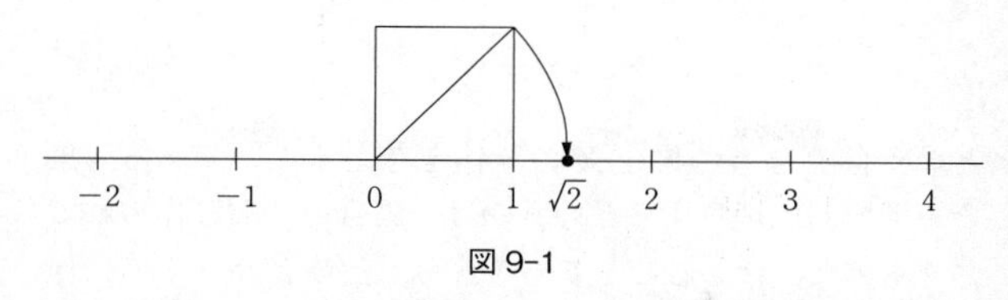

図 9-1

る．数直線上の点が**実数**である．自然数の構成的理解においては，10 進記数法の説明とともに自然数は順に作られていくものであったが，数直線による実数の理解では，2, 3, 4, …と名づけられる点**それ自体**は，10 進記数法の説明以前から，数直線上にすでに存在していた，と考える．$\sqrt{2}$ という無理数も，$\sqrt{2}$ という表記法を考え出す以前から，**それ自体**はすでに数直線上に存在していた実数である．われわれが新しく作り出すのは数の表記法であって，**数それ自体**は，すでに存在している．このような，数直線による実数の理解の仕方は，数学的対象の実在論的理解の一例である．そして，各種の数学的対象をすべて実在論的に理解している，というのが現代数学の実情である．

3. 集合概念の構成的理解と集合論のパラドックス

現代の数学では数学的対象をすべて実在論的に理解する，と言ったけれども，いま仮りに「集合」の概念を構成的に理解したとすると「集合論のパラドックス」はどうなるか，ということを考えてみる．ここでは，ラッセルのパラドックスだけを取り上げる．

ラッセルのパラドックスの第 1 歩は，

$$X \notin X$$

という性質をもつ集合 X の全体を考えることである．集合を構成的に理解するというのは，集合は「順に作られていくもの」と考えることであるから，上の X は「すでに作られている集合」を表わす変数である．

次に

$$M = \{X \mid X \notin X\}$$

という集合 M を考える．集合概念を構成的に理解する立場からは，ここで次の２つの場合が考えられる．

1) M は，すでに作られている集合の１つである．

2) M は，ここで初めて作られた新しい集合である．

M の定義によれば，すでに作られている任意の集合 X に対して

$$X \in M \rightleftarrows X \notin X$$

という関係が成り立つ．1) の場合には，この X に M を代入することができ，その結果

$$M \in M \rightleftarrows M \notin M$$

が導かれて矛盾を生じる．したがって，1) の場合はあり得ない．

2) の場合には，M は新しい集合であるから，すでに作られている集合を表わす変数 X に M を代入することは許

されない．したがって，ラッセルのような矛盾を導くことはできない．

集合を構成的に理解すれば，集合論のパラドックスは消滅する．$M=\{X|X\notin X\}$として定義される集合Mは，いかなる時点においても，つねに新しく作られた集合になる，ということがわかるだけである．

集合論のパラドックスは，集合の実在論的理解から生じる．

4. 直観主義　形式主義

上述のように，数学の実在論的理解とは危険をはらむ考え方である．しかも現行の数学は実在論的理解をもとにおこなわれている．数学とは，そもそも構成的に理解すべきものであり，数学はすべて構成的な立場に立って作りなおさなければならない，というのが，**直観主義**とよばれるブラウワーの見解である．

しかし，現実の直観主義数学は，その叙述は複雑となり，その内容も現行の数学とあまりにも懸け離れたものになり過ぎたので，多くの数学者の共感をよぶには至らなかった．

それに対し，ヒルベルトの**形式主義**は，例えば公理的集合論のように，現行の数学を形式的体系として整理し，その形式的体系の無矛盾性を構成的な立場に立って証明しようとする．これが，いわゆる**ヒルベルトのプログラム**である．

有限の立場（独 finiter Standpunkt）

ヒルベルトは，数学の無矛盾性を証明するときの根拠とする彼の構成的な立場を**有限の立場**とよんでいた．ここでは，数学的命題の内容を理解するときに，有限の立場による理解と実在論的理解とが異なる典型的な例を１つあげておこう．

それは

$$(1) \qquad \exists x F(x)$$

という形の命題であり，x は自然数を表わす変数としておく．命題（1）が証明されれば，これは，条件 F を満たす自然数 x が存在することを主張する１つの**存在定理**である．数学では，存在定理の証明に**背理法**を用いることがよくある．それは，命題（1）が間違っていると仮定して矛盾を導く，という方法である．そして，そのことを示すことによって，命題（1）は正しいと結論するのである．

自然数を実在論的に理解すれば，自然数の全体からなる集合 $\boldsymbol{N}$ はすでに存在している．のみならず，各自然数 n のそれぞれに対し，$F(n)$ が成り立つか否かも確定している［各 $F(n)$ に対する**排中律**］．してみれば，条件 F を満たす n が $\boldsymbol{N}$ のなかにあるかないか，それはどちらかにきまっている［命題（1）に対する**排中律**］．条件 F を満たす n が $\boldsymbol{N}$ のなかにない，ということがあり得ないとすれば，F を満たす自然数 n はあるにきまっている．以上が，背理法による命題（1）の証明の，実在論的理解をもとにした説明である.

では，有限の立場ではどうか.

有限の立場では，自然数の全体 $\boldsymbol{N}$ は完成していない. すでに作られている自然数のなかに，条件 F を満たす n が存在していれば，そのときは確かに命題（1）は正しい. しかし，もし「すでに作られている自然数」のなかに条件 F を満たすものがないとしても，自然数の系列を延長しながら，条件 F を満たす自然数 n を作ることができれば，そのときも命題（1）は正しい，と考える. われわれは小学校の1年生ではなく，自然数の範囲を100までと限定されているわけではないからである.

しかし，有限の立場では，背理法による証明は一般には認められない. 自然数の全体 $\boldsymbol{N}$ が完成していないのだから,「条件 F を満たす自然数は存在しない」$[=\neg\exists xF(x)]$ という仮定そのものの意味が，一般には不明である. そのことは見過ごすことにして，その仮定から矛盾を導いたとしても，条件 F を満たす自然数 n の作り方は，一般にはわからない. n の作り方がわからなければ，n を含ませるように自然数の系列を延長しようにも，どこまで延長すればよいかもわからないのである.

有限の立場において命題（1）が正しい，というのは，条件 F を満たす自然数を作ることができる，ということである.

形式的な自然数論に対する疑問点

ここでは，形式的な自然数論の公理と推論規則の正否を，有限の立場から検討する．もし公理のすべてが正しく，推論のすべても正しいとすれば，形式的な自然数論に疑問をさしはさむ余地はなく，形式的な自然数論の無矛盾性は「有限の立場」によって保証されたことになる．

まず，自然数 x についての全称命題

$$\forall x F(x)$$

の，有限の立場における解釈は何かというと，それは

「任意に与えられた各自然数 n に対して $F(n)$ が正しい」

ということである．自然数の全体 $\boldsymbol{N}$ が未完成であっても，この形の命題が正しいと判断されることはある．例えば，第８章で列挙しておいた「自然数論の公理」のひとつひとつがその例になっている．等号・加法・乗法・累乗の定義を考えてみれば，それらは，定義から直接に得られる結果ばかりである．

以上によって，自然数論の公理のすべてが有限の立場の解釈によって正しい，ということがわかった．

次に，推論規則の正しさの検討に入る．それは自然数論の無矛盾性をはじめて証明したゲンツェンの有名な論文

G. Gentzen, Die Widerspruchsfreiheit der reinen

Zahlentheorie. *Mathematische Annalen*, 112（1936）

のなかにある説明の紹介であるが，長くなるので，例を2つあげるにとどめる．また，説明を簡単にするため，ゼクエンツは用いずに，NK の形式による．

例1　推論「∃除去」の正しさ

∃除去という推論は，次の形をしている．

$$\dfrac{\begin{array}{cc} & F(a) \\ \vdots & \vdots \\ \exists x F(x) & C \end{array}}{C}\ \exists\text{除去}$$

ここで，$\exists x F(x)$ を導く証明と，仮定 $F(a)$ から C を導く証明とに使われている推論はすべて，有限の立場で正しいことがすでに確認されているものとする．

$\exists x F(x)$ を導く証明が有限の立場で正しいということから，$\exists x F(x)$ は有限の立場で正しい．ゆえに，$F(n)$ を正しくする自然数 n を作ることができる．

次に，仮定 $F(a)$ から C を導く証明であるが，証明そのものは正しくとも，仮定 $F(a)$ が正しいとは言えないので，そのままで C を正しいと結論することはできない．しかし，上で作った自然数 n を a に代入すれば，$F(n)$ は有限の立場で正しい命題となり，もはや仮定ではなくなる．したがって，C は仮定なしで証明されたことになり，C が正しいことがわかる．

以上が，∃除去の推論の有限の立場での正当性の説明で，一時的な仮定 $F(a)$ は，最終的には，正しい命題に変化してしまうのである．

例2　推論「∨除去」の正しさ

∨除去という推論は，次の形をしている．

$$\cfrac{\begin{matrix} & A & B \\ \vdots & \vdots & \vdots \\ A \vee B & C & C \end{matrix}}{C}\ \vee\text{除去}$$

ここで，$A \vee B$ を導く証明，仮定 A から C を導く証明，仮定 B から C を導く証明に使われている推論はすべて，有限の立場で正しいことがすでに確認されているものとする．

さて，有限の立場で $A \vee B$ が正しいとは「A が正しいことがわかっているか，B が正しいことがわかっているか，のいずれかである」ということである．A と B のどちらが正しいかはわからないが，全体として $A \vee B$ は正しい，ということは，有限の立場では意味はない，と考える．

上記の ∨除去においては，$A \vee B$ を導く証明があるから，$A \vee B$ は有限の立場で正しい．したがって，A が正しいことがわかるか，B が正しいことがわかるか，のいずれかである．

A が正しいことがわかったときは，仮定 A から C を導く証明を見る．仮定 A の正しさが不明の時点では，この証明に意味はない．しかし，A が正しいことがわかってからこの証明を見れば，この証明は意味を生じ，Cの正しさを結論することができる．Cの正しさが結論できた以上，BからCを導く証明は無意味のまま残しておいてもかまわない．

Bが正しいことがわかったときも，同様である．

以上が，$\vee$除去の推論の有限の立場での正当性の説明で，一時的な仮定AとBの一方は，最終的には，正しい命題であることがわかり，正しさが不明のまま残る仮定をもつ証明は，Cの正しさを結論するためには不要のものであった，ということもわかる．

以上の2つの例では，全証明には，除去されていない仮定はなく，不必要な自然変数は含まれていないとした．この例のような説明を繰り返していくと，そのようなものは，段々と消されていくものだからである．

さて，この2つの例として述べたような説明を各推論規則ごとに試みてみると，$\wedge, \vee, \forall, \exists$ に関する推論，および，数学的帰納法の推論は，すべて有限の立場の解釈において正しい，ということがわかる．しかし，$\supset$ と $\neg$ についての推論だけは，例外である．

論理記号 $\supset$ の意味

有限の立場では，$A \supset B$の意味を

「仮定Aから結論Bを導く証明が存在する」

と理解するのが最も自然である．すなわち，仮定 A から B を導く証明があるとき，および，そのときに限って，$A \supset B$ は正しいとするのである．もちろん，ここで「証明」というのは，有限の立場で認められる証明という意味である．

例 3　推論「⊃導入」について

⊃導入という推論は，次の形をしている．

$$\dfrac{\begin{array}{c}A\\ \vdots\\ B\end{array}}{A \supset B}\ \supset\text{導入}$$

ここで，仮定 A から B を導くときに使われている推論はすべて，有限の立場で正しいことがすでに確認されているものとする．よって，$A \supset B$ が正しいということの定義により，⊃導入の結論 $A \supset B$ は正しい．

例 4　推論「⊃除去」について

⊃除去という推論は，次の形をしている．

$$\dfrac{\begin{array}{c}\vdots\ ①\\ A\end{array}\qquad\begin{array}{c}\vdots\ ②\\ A \supset B\end{array}}{B}\ \supset\text{除去}$$

ここで，A を導く証明①，および $A \supset B$ を導く証明②に使われている推論はすべて，有限の立場で正しいことがすでに確認されているものとする．

証明①が存在するから，A は正しい．

証明②が存在するから，$A \supset B$ は正しい．

$A \supset B$ が正しいから，仮定 A から B を導く［有限の立場で認められる］証明 $\boldsymbol{P}$ が存在する．

しかも，A が正しいことはわかっていたから，$\supset$ 除去の結論 B は正しい．

この例４の説明は，一見したところ，$\supset$ 除去の推論の立場での正当性を説明しているように見える．しかし，よく見ると，その説明は次のような悪循環を含んでいる．

$A \supset B$ の正しさによって存在が保証されている証明 $\boldsymbol{P}$ は，例４で問題にしている「$\supset$ 除去」という推論を含んでいてもよいのであろうか．それとも，含んでいてはいけないのであろうか．

証明 $\boldsymbol{P}$ が「A と $A \supset B$ から B を導く」という $\supset$ 除去を含んでいてもよい，というならば，それは，$\supset$ 除去の正当性を，その正当性それ自身を用いて説明していることになり，これは循環論法である．証明 $\boldsymbol{P}$ が「A と $A \supset B$ から B を導く」という $\supset$ 除去を含んではいけない，ということにすれば，例３に述べた $\supset$ 導入という推論規則に制限を加える必要が生じる．しかし，形式化された自然数論には，そのような制限は何もついていない．

以上によって，有限の立場での解釈に従おうとするとき，$\supset$ についての推論規則には，明確にしきれない疑問点

が残る，ということが明らかになった．さらには，$A \supset B$ という形の前提をもっている命題

(2) $$(A \supset B) \supset C$$

の意味を考えると，意味はなかなかに複雑である，ということにもゲンツェンは触れている．

$\neg A$ は $A \supset \bot$ と解釈できること

$A \supset \bot$ の $\supset$ についての導入の推論は

(3) $$\dfrac{\begin{array}{c}A\\ \vdots\\ \bot\end{array}}{A \supset \bot}\ \supset\text{導入}$$

となり，$A \supset \bot$ の $\supset$ についての除去の推論は

(4) $$\dfrac{A \quad A \supset \bot}{\bot}\ \supset\text{除去}$$

という形をしている．これらの推論における $A \supset \bot$ を $\neg A$ に置き換えれば，それぞれは

(5) $$\dfrac{\begin{array}{c}A\\ \vdots\\ \bot\end{array}}{\neg A} \qquad \dfrac{A \quad \neg A}{\bot}$$

という「$\neg$導入」，「$\neg$除去」になる．要するに，$\neg A$ とは $A \supset \bot$ のことである，と思うことができる．と同時に，$\supset$ の推論に関する疑問点は，そのまま，$\neg$ の推論に関する疑

問点としても現われることになる．さらに，¬ に関しては「2重否定の除去」という推論もあり，さらに問題は広がるのであるが，ここでは，これ以上に深入りはしない．

直観主義の自然数論

直観主義の自然数論とは，NK 式に述べれば「2重否定の除去」という推論規則を除き，任意の formula D に対する

(6) $$\frac{\bot}{D}$$

という推論規則を追加したものであり，LK 式に述べれば，右辺に2つ以上の formula のあるゼクエンツの使用を禁止した自然数論である．

上に述べた「⊃ の推論に関する疑問点」は，そのまま直観主義の自然数論に対する疑問点になっている．この意味で，ゲンツェンの解釈に従う有限の立場は，直観主義の立場よりもさらに構成的である，といえる．

第10章　自然数論の無矛盾性証明のアイディア

数学的対象を理解する態度は「構成的理解」と「実在論的理解」という２つの方向に大別される．構成的というのは素朴な立場であって，どのような数学的対象も，構成的理解をもって考えられ始めたであろう．しかし，その対象についての理論が整備されるに従って，それは実在論的に理解されるようになる．これが数学における概念形成の経過の実態である．

構成的理解は素朴な考え方である．素朴であるがゆえに，そこからの結論は確実性に富み，ほとんど疑う余地はない．

実在論的理解は洗練された考え方である．それを基礎に整然とした理論が展開できる．このゆえに，数学における理論は，すべて実在論的理解を基礎にしている．

しかし，数学的対象の実在論的理解は，抽象的な思考の世界におけるプラトン的な実在論であり，現実の世界における実在についての直観そのものからはやや距離をおくものである．それが行き過ぎれば，矛盾を生じることさえある．したがって，実在論的数学の或る範囲を限定し［＝形式化し］，その無矛盾性を構成的な観点から証明することは，それなりの意味をもつ．これがヒルベルトの形式主義の立場であった．

それゆえに，無矛盾性証明に対しては，それが有限の立場で許される構成的な証明であることだけが要求される．公理的集合論とか形式的な自然数論というような形式的体系が1つ与えられたとき，その中で形式的には表わされないが有限の立場では許される証明というものもあり得るから，ゲーデルの第2不完全性定理はヒルベルトの形式主義の立場と矛盾しない，というゲーデルの言葉も，このことを意味している．

以下，自然数論の無矛盾性証明に対するゲンツェンの基本的なアイディアについて，簡単に説明する．

論理記号の限定

第8章で述べた「自然数論の形式化」では，$\wedge, \vee, \supset, \neg, \forall, \exists$ という6種類の論理記号を用いたが，以後，論理記号は

$$(1) \qquad \forall, \ \wedge, \ \neg$$

という3種類だけとし,「論理記号に関する推論規則」もこの3種類の論理記号に関するものだけに限定する．論理記号をこのように限定しても一般性を失わないことは，次のようにすればわかる．

まず，$A \vee B$，$A \supset B$，$\exists x F(x)$ を

$$A \vee B \quad \text{は} \quad \neg(\neg A \wedge \neg B)\ \text{の略記法,}$$
$$A \supset B \quad \text{は} \quad \neg(A \wedge \neg B)\ \text{の略記法,}$$
$$\exists x F(x) \quad \text{は} \quad \neg \forall x \neg F(x)\ \text{の略記法}$$

と考える．そうすると，論理記号 ∨, ⊃, ∃ に関する推論規則は，それぞれ次のように，∀, ∧, ¬ に関する推論規則だけを組み合わせたものとして表わすことができる．

∨右

$$\dfrac{\dfrac{\dfrac{\Gamma \to \Theta, A}{\neg A, \Gamma \to \Theta}\ \neg\text{左}}{\neg A \wedge \neg B, \Gamma \to \Theta}\ \wedge\text{左}}{\Gamma \to \Theta, \neg(\neg A \wedge \neg B)}\ \neg\text{右}$$

$$\dfrac{\dfrac{\dfrac{\Gamma \to \Theta, B}{\neg B, \Gamma \to \Theta}\ \neg\text{左}}{\neg A \wedge \neg B, \Gamma \to \Theta}\ \wedge\text{左}}{\Gamma \to \Theta, \neg(\neg A \wedge \neg B)}\ \neg\text{右}$$

∨左

$$\dfrac{\dfrac{\dfrac{A, \Gamma \to \Theta}{\Gamma \to \Theta, \neg A}\ \neg\text{右} \quad \dfrac{B, \Gamma \to \Theta}{\Gamma \to \Theta, \neg B}\ \neg\text{右}}{\Gamma \to \Theta, \neg A \wedge \neg B}\ \wedge\text{右}}{\neg(\neg A \wedge \neg B), \Gamma \to \Theta}\ \neg\text{左}$$

∃右

$$\dfrac{\dfrac{\dfrac{\Gamma \to \Theta, F(t)}{\neg F(t), \Gamma \to \Theta}\,\neg\text{左}}{\forall x \neg F(x), \Gamma \to \Theta}\,\forall\text{左}}{\Gamma \to \Theta, \neg \forall x \neg F(x)}\,\neg\text{右}$$

∃左

$$\dfrac{\dfrac{\dfrac{F(a), \Gamma \to \Theta}{\Gamma \to \Theta, \neg F(a)}\,\neg\text{右}}{\Gamma \to \Theta, \forall x \neg F(x)}\,\forall\text{右}}{\neg \forall x \neg F(x), \Gamma \to \Theta}\,\neg\text{左}$$

⊃右

$$\dfrac{\dfrac{\dfrac{\dfrac{\dfrac{A, \Gamma \to \Theta, B}{A \wedge \neg B, \Gamma \to \Theta, B}\,\wedge\text{左}}{\neg B, A \wedge \neg B, \Gamma \to \Theta}\,\neg\text{左}}{A \wedge \neg B, A \wedge \neg B, \Gamma \to \Theta}\,\wedge\text{左}}{A \wedge \neg B, \Gamma \to \Theta}}{\Gamma \to \Theta, \neg(A \wedge \neg B)}\,\neg\text{右}$$

⊃左

$$\dfrac{\dfrac{\dfrac{\Gamma \to \Theta, A}{\Gamma, \Delta \to \Theta, \Lambda, A} \qquad \dfrac{\dfrac{B, \Delta \to \Lambda}{\Delta \to \Lambda, \neg B}\,\neg\text{右}}{\Gamma, \Delta \to \Theta, \Lambda, \neg B}}{\Gamma, \Delta \to \Theta, \Lambda, A \wedge \neg B}\,\wedge\text{右}}{\neg(A \wedge \neg B), \Gamma, \Delta \to \Theta, \Lambda}\,\neg\text{左}$$

ここで ═══ と書いたのは，ゼクエンツの構造に関する推論を何回かおこなうことを示している．

ゼクエンツの変形

以下においては，∀, ∧, ¬ という 3 種類の論理記号しか含まない formula からなるゼクエンツ

(2) $$A_1, A_2, \cdots, A_m \to B$$

が任意に与えられたとし，それに対し繰り返し適用していく**変形の手順［第 1 種の変形と第 2 種の変形］**を与える．ゼクエンツ (2) が 1 つ与えられたとしても，その変形の手順に従う変形は一意的には定まらず，多くの自由度をもつ．そして，第 1 種の変形の手順に従う変形は**任意に**与えられるとし，それに対し，第 2 種の変形の手順に従う変形を**適当に**選択しながら，ゼクエンツの変形を続けるものとする．このとき次の I, II を示すことができれば，無矛盾性の証明は終わる．

I．証明できるゼクエンツは，"真" なゼクエンツに変形できる．

II．左辺が空で右辺が 1=0 のゼクエンツ

(3) $$\to 1=0$$

は "真" なゼクエンツに変形できない．

「**真なゼクエンツ**」とは何かについては次の項で説明するが，とにかく I と II によれば，ゼクエンツ (3) が証明できないことが結論される．もし形式的な自然数論が矛盾しているとすれば，すなわち

$$\to A \qquad \to \neg A$$

という2つのゼクエンツが両方とも証明できるような formula A が存在していれば

$$\dfrac{\dfrac{\vdots}{\to \neg A} \quad \dfrac{\dfrac{\vdots}{\to A}}{\neg A \to}}{\dfrac{\to}{\to 1=0}}$$

として，ゼクエンツ (3) は証明できる．したがって，I と II を示せば，形式的な自然数論が無矛盾であることがわかる．

ゼクエンツの真偽

1. 論理記号を含まない formula は

(4) $$s = t$$

という形をしている．これが自由変数を含んでいなければ，s と t の値は計算することができる．s と t の値が同じならば (4) は**真**，値が異なれば (4) は**偽**であるという．

例 1

$(2+1)^3 = (5\times4)+7$ は 真，
$(2+1)^3 = 3\times5$ は 偽．

論理記号も自由変数も含まない formula に対してだけ真

偽は定義されている．

2. 右辺が真な formula であるか，または左辺に偽な formula があるとき，そのゼクエンツは真であるという．

ゼクエンツが偽であるということは，必要がないので定義していない．

例 2

$$\rightarrow\ 1+1=2$$

$$a=1,\ 1=2\ \rightarrow\ a=2$$

はいずれも真なゼクエンツである．

例 3　$\rightarrow\ 1=0$　は真なゼクエンツではない．

第 1 種の変形

1. 自由変数に任意の数字を代入する．

以下の変形は，自由変数を含まないゼクエンツに対してのみおこなう．

2. $\Gamma\rightarrow\forall xF(x)$ を $\Gamma\rightarrow F(n)$ に変形する．ただし n は任意の数字とする．

3. $\Gamma\rightarrow A\wedge B$ を $\Gamma\rightarrow A$ か $\Gamma\rightarrow B$ のいずれかに変形する．いずれに変形するかは任意である．

4. $\Gamma\rightarrow\neg A$ を $\Gamma, A\rightarrow 1=0$ に変形する．

第 2 種の変形

自由変数を含まず，しかも右辺が偽な formula であるゼクエンツに対してのみ，この変形はおこなう．ゼクエンツ

の右辺を ⊥ としたのは，そこに何か偽な formula があるという意味で，それは $1=0$ であるかもしれないし，$3=5$ であるかもしれない．⊥ という形式的な記号を用いているということではない．

ここでは，次の1.，2.，3.のうちの適当な変形を選択することが許される．

1．$\Gamma, \forall x F(x), \Delta \rightarrow \bot$ を

$$\Gamma, \forall x F(x), \Delta, F(n) \rightarrow$$

に変形する．ここで，n は適当な数字である．

2．$\Gamma, A \wedge B, \Delta \rightarrow \bot$ を

$$\Gamma, A \wedge B, \Delta, A \rightarrow \bot$$

および

$$\Gamma, A \wedge B, \Delta, B \rightarrow \bot$$

のいずれか適当なほうに変形する．

3．$\Gamma, \neg A, \Delta \rightarrow \bot$ を

$$\Gamma, \neg A, \Delta \rightarrow A$$

に変形する．

ゼクエンツの変形に対する「処方」

(2) という形をもつ或るゼクエンツ S が与えられ，第1種および第2種の変形の手順に従って S を変形するとき，

第1種の変形をどのようにおこなっても，それに対して第2種の変形を適当に選ぶことによって，必ず真なゼクエンツに到達させることができるような**変形の処方**（独 Reduziervorschrift）が存在する場合がある．例えば，S が形式的な自然数論で証明できる場合には，S に到る証明図を利用すれば，S に対する変形の処方を有限の立場で述べることができる，ということをゲンツェンは示した．一方，

$$\to 1=0$$

というゼクエンツには変形の処方は存在し得ない．何となれば，このゼクエンツには，第1種および第2種の変形のうちのどれ1つとして適用することはできず，また，このゼクエンツ自身は真なゼクエンツでもないからである．

以上が，ゲンツェンによる自然数論の無矛盾性証明の初期のアイディアである．

竹内外史，八杉満利子『証明論入門』，共立出版 (1988)

の第2章などで紹介されている無矛盾性証明は，のちにゲンツェンがこのアイディアをさらに整理して得られたものである．

第11章　直観論理

オランダの数学者，ブラウワー（L. E. J. Brouwer, 1881-1966）は数学の1つの立場として直観主義をとなえた．

直観論理は直観主義の論理の部分をいう．ここでは直観論理の基本的な考え方を述べ，さらにその論理体系を解説する．

今まで議論してきた論理を，ここでは直観論理と対比して古典論理と呼ぶことにする．

古典論理の立場は，何か神のような絶対者の世界を想定して，その絶対者の世界では，すべての命題が，真であるか，偽であるかが完全に決定されているものとして考えている．例えばフェルマーの問題は現在のところ，未解決問題である*．しかしながら絶対者の世界では，それが真であるか，偽であるかは，はっきりと決定されているものとして議論を進める．それが古典論理の立場である．

直観主義では真理もわれわれ人間を超越した絶対者の立場で決定されるものではなくて，われわれ人間の行為に結びついたものであるべきだと考え，したがって，直観論理

---

*　1994年に真であることが証明された．（文庫編集部注）

で或る命題が真であるということは，その命題を確認する方法をもっている，ということであると考えるのである．

このように直観論理では，論理に対する考え方が古典論理と異なるため，論理的概念に対する解決も異なってくる．

今，論理概念 $\wedge, \vee, \neg, \supset, \forall, \exists$ について直観論理での意味を説明する．

$A \wedge B$ の直観論理での意味は

“A を確認する方法をもっており，さらにその上に B を確認する方法をもっている”

ということであり，

$A \vee B$ の直観論理での意味は

“A を確認する方法をもっているか，または B を確認する方法をもっている”

ということであり，

$\forall x A(x)$ の直観論理での意味は

“すべての x について $A(x)$ を確認する方法をもっている”

ということであり

$\exists x A(x)$ の直観論理での意味は

“$A(x)$ を確認する方法があるような x を見いだす（ま

　たは作り出す）方法をもっている”

ということであり，

最後に $A \supset B$ の直観論理での意味は

　“A を確認する方法が与えられたときに，その方法をもとにして B を確認する方法を作り出す方法をもっている”

ということである．

さて $\neg A$ の意味を説明するために前と同じく，$\perp$ は矛盾を意味するものとする．このとき直観論理では $\neg A$ は $A \supset \perp$ であると定義する．したがって $\neg A$ の直観論理での意味は，上の $A \supset B$ の B の所を $\perp$ で置きかえたものとなっている．すなわち

　“A を確認する方法が与えられたときに，その方法をもとにして矛盾を導き出す方法をもっている”

ということとなる．

以上の論理記号の解釈で，直観論理が古典論理と大きく異なる所は $\vee, \exists, \supset$ の解釈である．これを説明すると次のようになる．

$A \vee B$ の古典論理での解釈では，A と B とのどちらかわからなくとも，そのどちらかが成立すればそれでよい．これに反して $A \vee B$ の直観論理での解釈は，漠然と A か B かのどちらかが成立するというのではなくて，A か B

かのどちらか一方を名指して，その A を確認するか，またはその B を確認する方法をもっていることを意味する．

同様に $\exists x A(x)$ の古典論理での解釈では，どんな x かわからなくとも，どこかに $A(x)$ を満たす x が存在すればそれでよい．これに反して $\exists x A(x)$ の直観論理での意味は，漠然とどこかに $A(x)$ を満たす x が存在するということではなくて，実際に x を作ってみせて，その上でその x が $A(x)$ を満たすことを確認することを意味する．

以上の説明からわかるように，直観論理での $\vee$ や $\exists$ の論理的な意味は古典論理よりははるかに強いものとなっている．

一方，$A \supset B$ の直観論理での意味は古典論理での意味より，弱い感じになっている．

今 $A \supset B$ が直観論理で成立したとする．このことはあくまでも A を確認する方法が与えられたと仮定して，その方法に基づいて B を確認する方法を作り出す方法をもっていることを主張するに過ぎない．したがって A か B についての直接の情報がなんら与えられない場合が存在する．

さてこのように直観論理では論理的概念の解釈が古典論理とは異なるため，直観論理は古典論理とは異なった論理を形成する．直観論理と古典論理との間に次の基本的な関係が成立する．

直観論理で正しい命題は古典論理でも正しいが，逆は必ずしも成立しない．すなわち古典論理で正しい命題で直観論理では成立しないものがある．

以下にいくつかの重要な例をあげて説明することにする．

例1　$A \vee \neg A$

この法則は排中律とよばれて，もちろん古典論理では正しい命題である．しかし直観論理では必ずしも成立しない．これを説明するために $A \vee \neg A$ の直観論理での意味を考えてみれば

“A を確認する方法をもっているか，または $\neg A$ を確認する方法をもっている”

ということである．今 A を数学の問題と考えれば，この排中律は，すべての問題を肯定的か否定的に解く方法をもっていることを意味する．すなわち，すべての問題を解決する方法をもっていることを意味する．これは万能の神ならばいざ知らず，われわれ人間の立場では不可能なことである．この意味で排中律は直観論理では必ずしも成立しない命題の代表的なものになっている．

例2　$\neg\neg A \supset A$

この命題も直観論理では必ずしも成立しない命題の代表的なものである．

前に説明したように $A \supset B$ という命題は A および B についてなんら直接の情報を与えるとは限らないものである．したがって $\neg A$ から矛盾を導き出す方法が与えられ

たからといって，直接 A を確認する方法があるとは限らないことは，排中律が成立しない直観論理の立場では当然のことである．

今まで直観論理の意味を強調するために毎回“A を確認する方法がある”という表現を用いてきたのであるが，今後 A を確認する方法をもっているという代わりに，単に A が成立する，または A が証明できるという表現を用いることにする．少なくとも直観論理の立場ではこのどの表現も同じことを意味する．

同様にして，$A \supset B$ も“A を確認する方法が与えられたときに，その方法に基づいて……”という代わりに単に“A を仮定して B を証明する”ということにする．もちろん疑問が生じたときには必ずもとの表現に戻って考えることにする．

例3　$A \supset \neg\neg A$

これは例2の逆である．

この命題は直観論理でも成立する．これを証明するために，まず A を仮定する．その上で $\neg\neg A$ を証明すればよい．ところで $\neg\neg A$ を証明するということは，$\neg A$ を仮定して矛盾を導けばよい．すなわち最初に仮定した A の上に $\neg A$ を仮定して矛盾を導ければよい．ところで $\neg A$ とは A を仮定して矛盾を導く方法が与えられているということであるから，A の仮定から矛盾が出て，証明が終わった．

例4　$(\neg A \vee B) \supset (A \supset B)$

この命題も直観論理でも成立する．これを証明するために，まず，$\neg A \vee B$ を仮定する．このとき直観論理の $\vee$ の意味から，$\neg A$ か B かのどちらかが実際に成立している．今 $\neg A$ が成立しているとすれば，その上 A が成立することは矛盾が生ずるから，あり得ない．したがって $A \supset B$ は成立している．

次に B が成立しているとすれば，A の証明のいかんにかかわらず B が成立しているから $A \supset B$ は成立している．

例5　$(A \supset B) \supset (\neg A \vee B)$

これは例4の逆である．

この命題は古典論理ではもちろん成立するが，直観論理では必ずしも成立しない．これを説明する．今 $A \supset B$ を仮定する．この上で $\neg A \vee B$ が成立するということは，直観論理での $\vee$ の定義から，$\neg A$ か B の一方を名指して，その $\neg A$ または B を証明するということである．ところで $A \supset B$ が成立したとしても，$\supset$ の直観論理の意味から，それは A または B についてなんら直接の情報を与えるものではないかもしれない．その場合には，単独の $\neg A$ または単独の B について証明するということは不可能なことである．

例6　$(\neg A \vee \neg B) \supset \neg(A \wedge B)$

この命題は直観論理でも成立する．これを証明するために，$\neg A \vee \neg B$ を仮定する．ということは $\neg A$ が成立しているか，または $\neg B$ が成立しているということである．

まず $\neg A$ が成立しているとする．このとき $A \wedge B$ を仮定すれば，もちろん A は成立するから，$\neg A$ の仮定と合わせて矛盾が生ずる．よって $\neg(A \wedge B)$ が証明された．

次に $\neg B$ が成立しているとする．このとき $A \wedge B$ を仮定すれば，もちろん B は成立するから，$\neg B$ の仮定と合わせて矛盾が生ずる．よって $\neg(A \wedge B)$ が証明された．

例7　$\neg(A \wedge B) \supset (\neg A \vee \neg B)$

これは例6の逆になっている．

この命題は直観論理では必ずしも成立しない．これを説明するために $\neg(A \wedge B)$ を仮定する．ということは，A と B との双方を仮定して矛盾を導き出す方法が考えられているということである．このことから A 単独についての情報 $\neg A$ を出したり，B 単独についての情報 $\neg B$ を出したりするということは一般には不可能なことである．

例8　$\exists x \neg A(x) \supset \neg \forall x A(x)$

これは直観論理でも成立するが，逆 $\neg \forall x A(x) \supset \exists x \neg A(x)$ は直観論理では必ずしも成立しない．

$\exists x \neg A(x)$ を仮定するということは，特定な x を構成して，その上でその x が $\neg A(x)$ を満たすことを確認するということである．この x は $\forall x A(x)$ の反例になっていて，$\neg \forall x A(x)$ が証明される．

逆の命題を考えるために，まず $\neg \forall x A(x)$ を仮定する．このことは，すべての x について $A(x)$ が成立するとすれば矛盾を生ずることを主張しているが，$\neg A(x)$ が確認できるような x を構成する方法を与えるものではない．

例 9　古典論理では $A \supset B$ と $\neg A \vee B$ とは同等で，$\supset$ を $\neg$ と $\vee$ で表わすことができた．直観論理では例5で述べたように $A \supset B$ と $\neg A \vee B$ とは同等ではない．したがって $\supset$ を $\neg$ と $\vee$ で表わすことはできない．

例 10　古典論理では $A \wedge B$ と $\neg(\neg A \vee \neg B)$ とは同等である．したがって $\wedge$ を $\neg$ と $\vee$ とで表わすことができる．ところで直観論理では，例7でわかるように $\neg(A \wedge B)$ と $\neg A \vee \neg B$ とは同等ではなく，その上さらに $\neg\neg A \supset A$ が一般には成立していない．したがって $A \wedge B$ を $\neg(\neg A \vee \neg B)$ と表わすことはできない．

例 11　今 $A \longleftrightarrow B$ を $(A \supset B) \wedge (B \supset A)$ の略とする．このとき古典論理で成立する次の同等はすべて直観論理では必ずしも成立しない．

$$(A \vee B) \longleftrightarrow (\neg A \supset B)$$
$$(A \vee B) \longleftrightarrow \neg(\neg A \wedge \neg B)$$
$$\exists x A(x) \longleftrightarrow \neg \forall x \neg A(x)$$
$$\forall x A(x) \longleftrightarrow \neg \exists x \neg A(x)$$

これらのことから次のことがわかる．古典論理では $\neg$ と $\vee, \wedge, \supset$ の1つがあれば，$\vee, \wedge, \supset$ の残りは表わすことができたが，直観論理では，$\neg, \vee, \wedge, \supset$ はすべて独立で，どれ1つをとっても，他のものの組合せとして表わすことはできない．

同様に古典論理では $\neg$ と $\forall, \exists$ のうちの1つがあれば，

$\forall$, $\exists$ の残りは表わすことができたが，直観論理ではこれはできない．直観論理では，$\neg$, $\vee$, $\wedge$, $\supset$, $\forall$, $\exists$ のすべてが独立で，これらのどれ1つをとっても残りの組合せで表わすことができない．

以上において直観論理と古典論理との違いを強調したが，直観論理と古典論理とは実はよく似た論理で密接なつながりがある．例えば $\wedge$ と $\vee$ だけに限れば古典論理と直観論理はまったく同じ法則を満たしている．例えば次の分配則といわれる同等は直観論理でも成立している．

$$A \wedge (B \vee C) \longleftrightarrow (A \wedge B) \vee (A \wedge C)$$
$$A \vee (B \wedge C) \longleftrightarrow (A \vee B) \wedge (A \vee C)$$

さらに次の2つの同等も直観論理でも成立している．

$$(\neg A \wedge \neg B) \longleftrightarrow \neg (A \vee B)$$
$$\neg \exists x A(x) \longleftrightarrow \forall x \neg A(x)$$

この2つの同等は“A でも B でもない”とか，“$A(x)$ を満たす x が1つもない”という論理概要は直観論理でも古典論理のように取り扱ってよいことを示している．

さらに次の同等が成立する．

$$\neg A \longleftrightarrow \neg\neg\neg A$$

一般に直観論理では $\supset$ が入ってくると厄介になる．その特殊な場合として $\neg$ が入ってくるとめんどうなことが多い．その意味で上の最後の式は便利に用いられる．

直観論理の体系，ゲンツェンのLJ

以上直観論理の法則について説明したが，ここで直観論理の論理体系が，古典論理のゲンツェンの体系 LK から多少の変形によって得られることを示す．

ゲンツェンの LK はゼクエンツの形式を用いて表わされている．ゼクエンツは

$$\Gamma \to \Delta$$

の形であって，ここで Γ および Δ は有限個の論理式の列であった．すなわち LK のゼクエンツは

$$A_1, \cdots, A_m \to B_1, \cdots, B_n$$

の形であって，その意味は

$$A_1 \wedge \cdots \wedge A_m \to B_1 \vee \cdots \vee B_n$$

であった．

さて，直観論理を表わすゲンツェンの体系 LJ では，ゼクエンツ $\Gamma \to \Delta$ で Δ は空かまたはただ 1 個の論理式からできているものとする．すなわち LJ のゼクエンツは次のいずれかの形のものである．

$$\Gamma \to \qquad \text{または} \qquad \Gamma \to B$$

左のゼクエンツは前と同様に“Γ ならば矛盾する”と読み，右のゼクエンツは“Γ ならば B が成立する”と読むのである．

直観論理の体系 LJ は古典論理の体系 LK から，上に述べたゼクエンツについての制限をつけるだけでただちに得られる．

すなわち LJ の証明図は $D \to D$ の形のゼクエンツから始まり，次の形の推論図だけを用いてできたものである．

増左 $\dfrac{\Gamma \to \Delta}{D, \Gamma \to \Delta}$　　増右 $\dfrac{\Gamma \to}{\Gamma \to D}$

減左 $\dfrac{D, D, \Gamma \to \Delta}{D, \Gamma \to \Delta}$　　減右　なし

換左 $\dfrac{\Gamma, C, D, \Pi \to \Delta}{\Gamma, D, C, \Pi \to \Delta}$　　換右　なし

三段論法 $\dfrac{\Gamma \to D \quad D, \Pi \to \Delta}{\Gamma, \Pi \to \Delta}$

三段論法は，カットとも呼ばれる．

$\neg$左 $\dfrac{\Gamma \to D}{\neg D, \Gamma \to}$　　$\neg$右 $\dfrac{D, \Gamma \to}{\Gamma \to \neg D}$

$\wedge$左の1 $\dfrac{A, \Gamma \to \Delta}{A \wedge B, \Gamma \to \Delta}$　　$\wedge$右 $\dfrac{\Gamma \to A \quad \Gamma \to B}{\Gamma \to A \wedge B}$

$\wedge$左の2 $\dfrac{B, \Gamma \to \Delta}{A \wedge B, \Gamma \to \Delta}$

$\vee$左 $\dfrac{A, \Gamma \to \Delta \quad B, \Gamma \to \Delta}{A \vee B, \Gamma \to \Delta}$　　$\vee$右の1 $\dfrac{\Gamma \to A}{\Gamma \to A \vee B}$

$\vee$右の2 $\dfrac{\Gamma \to B}{\Gamma \to A \vee B}$

⊃左 $\dfrac{B, \Gamma \to \Delta \quad \Pi \to A}{A \supset B, \Gamma, \Pi \to \Delta}$　　⊃右 $\dfrac{A, \Gamma \to B}{\Gamma \to A \supset B}$

∀左 $\dfrac{F(t), \Gamma \to \Delta}{\forall x F(x), \Gamma \to \Delta}$　　∀右 $\dfrac{\Gamma \to F(a)}{\Gamma \to \forall x F(x)}$

ここに t は任意の term とする.

ここに a は推論図の下のゼクエンツには入っていないものとする.

∃左 $\dfrac{F(a), \Gamma \to \Delta}{\exists x F(x), \Gamma \to \Delta}$　　∃右 $\dfrac{\Gamma \to F(t)}{\Gamma \to \exists x F(x)}$

ここに a は推論図の下のゼクエンツには入っていないものとする.

ここに t は任意の term とする.

ここで説明をつけ加えれば，ゼクエンツの右側に出てくる Δ は空であるかまたはただ 1 個の論理式からできているものとする．また“なし”と書いてある所は LK にはその箇所に該当する推論図が存在するが，それに相当する推論図が LJ には存在しないことを意味する．

ここでこのように LK を変更した LJ が直観論理を表わす体系になるかを説明する．直観論理は古典論理から排中律を取り去ってできる論理であると考えてよい．ところで排中律は A であるか，$\neg A$ であるかと場合を 2 つに分ける原則である．ところでゼクエンツ

$$A_1, \cdots, A_m \to B_1, \cdots, B_n$$

の右辺 $B_1, \cdots, B_n$ は，B_1 の場合，B_2 の場合，…，B_n の場合

と n 個の場合に分けられるという意味である．したがってゼクエンツの右側を空かただ 1 個の論理式と制限するということは，場合を分ける原則を禁止する．したがって排中律を禁止することになるのである．

次に LK の証明図で LJ の証明図になるもの，およびならないもののいくつかをあげて説明することにする．

a)　LK の $A \vee \neg A$ の証明図

$$\cfrac{\cfrac{\cfrac{\cfrac{\cfrac{A \to A}{\to A, \neg A \quad *}}{\to A, A \vee \neg A \quad *}}{\to A \vee \neg A, A \quad *}}{\to A \vee \neg A, A \vee \neg A \quad *}}{\to A \vee \neg A}$$

これはもちろん LK の証明図であるが * がついている行のゼクエンツの右辺に 2 個の論理式があるため LJ の証明図ではない．

b)　$A \to \neg\neg A$ の証明図

$$\cfrac{\cfrac{A \to A}{\neg A, A \to}}{A \to \neg\neg A}$$

これはもちろん LK の証明図であるが，すべてのゼクエンツの右側が空かただ 1 個の論理式になるから LJ の証明図になっている．

c)　$\neg\neg A \to A$

$$
\cfrac{\cfrac{A \to A}{\to A, \neg A} \quad *}{\neg\neg A \to A}
$$

これは＊のついている行のゼクエンツの右辺に2個の論理式があるため，LKの証明図であるがLJの証明図ではない．

d)　$\neg A \vee B \to A \supset B$

$$
\cfrac{\cfrac{\cfrac{\cfrac{\cfrac{A \to A}{\neg A, A \to}}{\neg A, A \to B} \qquad \cfrac{\cfrac{B \to B}{A, B \to B}}{B, A \to B}}{\neg A \vee B, A \to B}}{A, \neg A \vee B \to B}}{\neg A \vee B \to A \supset B}
$$

これがLJの証明図であることをチェックせよ．

e)　$A \supset B \to \neg A \vee B$

$$
\cfrac{\cfrac{\cfrac{\cfrac{\cfrac{\cfrac{A \to A \qquad B \to B}{A \supset B, A \to B}}{A, A \supset B \to B}}{A, A \supset B \to \neg A \vee B}}{A \supset B \to \neg A \vee B, \neg A} \quad *}{A \supset B \to \neg A \vee B, \neg A \vee B} \quad *}{A \supset B \to \neg A \vee B}
$$

＊のある行のゼクエンツの右辺に論理式が2つあるためLKの証明図ではあるが，LJの証明図ではない．

f)　$\exists x \neg A(x) \to \neg \forall x A(x)$

$$\cfrac{\cfrac{\cfrac{\cfrac{\cfrac{A(a) \to A(a)}{\neg A(a), A(a) \to}}{\exists x \neg A(x), A(a) \to}}{A(a), \exists x \neg A(x) \to}}{\forall x A(x), \exists x \neg A(x) \to}}{\exists x \neg A(x) \to \neg \forall x A(x)}$$

これが LJ の証明図であることをチェックせよ.

g) $\neg \forall x A(x) \to \exists x \neg A(x)$

$$\cfrac{\cfrac{\cfrac{\cfrac{\cfrac{A(a) \to A(a)}{\to A(a), \neg A(a)}\ *}{\to A(a), \exists x \neg A(x)}\ *}{\to \exists x \neg A(x), A(a)}\ *}{\to \exists x \neg A(x), \forall x A(x)}\ *}{\neg \forall x A(x) \to \exists x \neg A(x)}$$

ここで a は $\forall x A(x)$ のなかには含まれていないものとする. この証明図でも * のついている行のゼクエンツの右辺に2つの論理式があるため LK の証明図であるが LJ の証明図ではない.

h) $\neg \exists x A(x) \to \forall x \neg A(x)$

$$\cfrac{\cfrac{\cfrac{\cfrac{\cfrac{A(a) \to A(a)}{A(a) \to \exists x A(x)}}{\neg \exists x A(x), A(a) \to}}{A(a), \neg \exists x A(x) \to}}{\neg \exists x A(x) \to \neg A(a)}}{\neg \exists x A(x) \to \forall x \neg A(x)}$$

これは LJ の証明図になっている．もちろん a が $\exists x A(x)$ に含まれていないという条件がついている．

i)　$\forall x \neg A(x) \to \neg \exists x A(x)$

$$
\dfrac{\dfrac{\dfrac{\dfrac{\dfrac{A(a) \to A(a)}{\neg A(a), A(a) \to}}{\forall x \neg A(x), A(a) \to}}{A(a), \forall x \neg A(x) \to}}{\exists x A(x), \forall x \neg A(x) \to}}{\forall x \neg A(x) \to \neg \exists x A(x)}
$$

$\exists x A(x)$ のなかに a が含まれていない，という条件のもとで，これは LJ の証明図になっている．

j)　$\neg A \wedge \neg B \to \neg (A \vee B)$

$$
\dfrac{\dfrac{\dfrac{\dfrac{\dfrac{A \to A}{\neg A, A \to}}{\neg A \wedge \neg B, A \to}}{A, \neg A \wedge \neg B \to} \quad \dfrac{\dfrac{\dfrac{B \to B}{\neg B, B \to}}{\neg A \wedge \neg B, B \to}}{B, \neg A \wedge \neg B \to}}{A \vee B, \neg A \wedge \neg B \to}}{\neg A \wedge \neg B \to \neg (A \vee B)}
$$

これは LJ の証明図になっている，ということをチェックせよ．

k)　$\neg (A \vee B) \to \neg A \wedge \neg B$

$$
\dfrac{\dfrac{\dfrac{\dfrac{\dfrac{A \rightarrow A}{A \rightarrow A \vee B}}{\neg(A \vee B), A \rightarrow}}{A, \neg(A \vee B) \rightarrow}}{\neg(A \vee B) \rightarrow \neg A} \qquad \dfrac{\dfrac{\dfrac{\dfrac{B \rightarrow B}{B \rightarrow A \vee B}}{\neg(A \vee B), B \rightarrow}}{B, \neg(A \vee B) \rightarrow}}{\neg(A \vee B) \rightarrow \neg B}}{\neg(A \vee B) \rightarrow \neg A \wedge \neg B}
$$

これも LJ の証明図になっている.

LJ についてはこれ以上深入りはしないが, LJ については次の注目すべき諸性質が成立する.

例 12-1 $\Gamma \rightarrow \Delta$ が LJ で証明されるならば, $\Gamma \rightarrow \Delta$ は LJ で三段論法を用いないで証明される.

例 12-2 $\rightarrow A \vee B$ が LJ で証明されるならば, $\rightarrow A$ が LJ で証明されるか, または $\rightarrow B$ が LJ で証明されるか, いずれかが成立する.

例 12-3 $\rightarrow \exists x F(x)$ が LJ で証明されるならば, ある term t で $\rightarrow F(t)$ が LJ で証明されるものが存在する.

例 12-2 および **3** は直観論理における $\vee$ と $\exists$ の特殊な性質をよく表わしている.

問題 次のゼクエンツまたは同等はいずれも古典論理で成立する命題である. このなかから直観論理では必ずしも成立しない命題を選び出せ.

1) $A \vee (B \wedge C) \longleftrightarrow (A \vee B) \wedge (A \vee C)$

2)　$(\neg A \vee B) \rightarrow (A \supset B)$

3)　$\neg\neg A \rightarrow A$

4)　$\neg(A \vee B) \longleftrightarrow \neg A \wedge \neg B$

5)　$A \vee \neg A$

6)　$\neg\neg\neg A \rightarrow \neg A$

7)　$\neg \forall x A(x) \rightarrow \exists x \neg A(x)$

8)　$\neg \exists x A(x) \longleftrightarrow \forall x \neg A(x)$

9)　$\exists x \neg A(x) \rightarrow \neg \forall x A(x)$

10)　$A \rightarrow \neg\neg A$

11)　$(\neg A \vee B) \longleftrightarrow (A \supset B)$

第12章 ファジー論理

すべての認識や情報にはあいまいな要素がある．例えば，ある物が美しいといったとき，それは100％美しいという意味ではない．同様に，ある人の身長が170 cmである，といったときに，それは完全に170 cmであるということではない．

このように認識や情報には，あいまいな要素があるということを，初めから受け入れて理論を展開しようというのがファジーの基本的な考え方である．

ファジー以外にファジーの考え方に類似した考え方が数学にはたくさんあり，またファジーの考え方のなかにもいろいろな流儀があるが，ここではそのなかの典型的な考え方を紹介することにする．

今，真を1で表わし，偽を0で表わすことにする．さらに命題Aが真であるということを記号で

$$[\![A]\!] = 1$$

で表わし，命題Aが偽であるということを記号で

$$[\![A]\!] = 0$$

で表わす．ここで$[\![A]\!]$を“Aの真理値”と呼ぶ．

この記号を用いて，命題Aが完全に真であるか，または完全に偽であるか，のいずれかの1つである，という古典論理の立場は“Aの真理値$[\![A]\!]$は1であるか，0であるかのいずれかである”と表わされる．

この真理値を用いれば，ファジーの考えは，Aの真理値を1と0だけではなくて，“その中間の値もとり得る”と表わすことができる．ここではその中間の値を数量化して0と1との間の実数を考える．すなわち

$$[\![A]\!] = r$$

として，rは$0 \leq r \leq 1$を満たす実数であり，rはAが真である度合，またはAの確からしさの度合，したがって間接的に“Aのあいまいさの度合”を表わしている．

このように真理値を拡張したときに，論理概念

$$\wedge, \ \vee, \ \supset, \ \neg, \ \forall, \ \exists$$

などがどのように変化するかを見ることにする．

(1)　$$[\![A \wedge B]\!] = \min([\![A]\!], [\![B]\!])$$

ここで2つの実数r, sについて$\min(r, s)$で2つの実数の小さいほうを表わすことにする．例えば

$$\min\left(\frac{1}{2}, \frac{1}{3}\right) = \frac{1}{3}$$

となる．$r=s$の特別の場合は$\min(r, r)=r$とする．した

がって，$[\![A]\!]=\frac{1}{2}$ で $[\![B]\!]=\frac{1}{3}$ の場合は $[\![A\wedge B]\!]=\frac{1}{3}$ となる．ここでなぜ (1) の定義を与えるかの理由は，読者自身が考えることにする．

同様に $A\vee B$ の真理値は次の式で定義される．

$$(2)\qquad [\![A\vee B]\!]=\max([\![A]\!],[\![B]\!])$$

ここで2つの実数 r, s について，$\max(r,s)$ で2つの実数の大きいほうを表わすことにする．例えば

$$\max\left(\frac{1}{2},\frac{1}{3}\right)=\frac{1}{2}$$

となる．$r=s$ の特別の場合は $\max(r,r)=r$ とする．したがって $[\![A]\!]=\frac{1}{2}$ で $[\![B]\!]=\frac{1}{3}$ の場合は $[\![A\vee B]\!]=\frac{1}{2}$ となる．

次に $A\supset B$ の真理値の定義はファジーを考える流儀によって異なるが，ここでは次の定義を用いる．

$$(3)\qquad [\![A\supset B]\!]=\begin{cases}1 & [\![A]\!]\leq[\![B]\!]\text{ のとき}\\ [\![B]\!] & [\![A]\!]>[\![B]\!]\text{ のとき}\end{cases}$$

さて，矛盾の記号 $\perp$ の真理値は

$$[\![\perp]\!]=0$$

として，さらに $\neg A$ を前と同じように $A\supset\perp$ と考える．このとき $[\![\neg A]\!]$ は上の定義から次の式を満たすことがわかる．

(4)　$$[\![\neg A]\!] = \begin{cases} 1 & [\![A]\!]=0\text{のとき} \\ 0 & [\![A]\!]>0\text{のとき} \end{cases}$$

次に $\forall$ と $\exists$ について考える．今 $\forall x$ または $\exists x$ と書いたとき，x の表わす元の領域を D とする．このとき $\forall xA(x)$ の真理値は次の式で定義される．

(5)　$$[\![\forall xA(x)]\!] = \inf\{[\![A(x)]\!] | x\in D\}$$

ここで inf は下限を意味する．すなわち等号の右辺を r とすれば，r は

すべての $x\in D$ について，$r\leq[\![A(x)]\!]$ を満たす r のなかで最大

のものになっている．例えば，今 x の動く範囲は自然数 $0, 1, 2, \cdots$ として $[\![A(n)]\!]=\frac{1}{2}+\frac{1}{n+1}$ とすれば．

$$[\![\forall xA(x)]\!] = \inf\left\{\frac{1}{2}+\frac{1}{n+1}\,\middle|\, n=0, 1, 2, \cdots\right\}$$

したがって，すべての $\frac{1}{2}+\frac{1}{n+1}$ より小さい実数のなかで最大の数，すなわち $\frac{1}{2}$ となる．

これは実は $A(0)\wedge A(1)\wedge A(2)\wedge\cdots$ と無限に $\wedge$ で結んだ形の真理値を考えたことに相当している．

同様に $\exists xA(x)$ の真理値は次の式で与えられる．

(6)　$$[\![\exists xA(x)]\!] = \sup\{[\![A(x)]\!] | x\in D\}$$

ここで sup は上限を意味する．すなわち等号の右辺を r

とおけば，r は

すべての $x \in D$ について $[\![A(x)]\!] \leq r$ を満たす r のなかで最小

な実数になっている．前と同じように，x の動く範囲が自然数 0, 1, 2, … として $[\![A(n)]\!]=\dfrac{1}{2}-\dfrac{1}{n+3}$ とすれば

$$[\![\exists x A(x)]\!] = \sup\left\{\frac{1}{2}-\frac{1}{n+3}\,\middle|\, n = 0, 1, 2, \cdots\right\}$$

したがって，すべての $\dfrac{1}{2}-\dfrac{1}{n+3}$ より大きいもののなかで最小の数，すなわち $\dfrac{1}{2}$ となる．

この場合は $A(0) \vee A(1) \vee A(2) \vee \cdots$ と無限に $\vee$ で結んだ形の真理値を考えたことに相当している．

さて今命題 A が与えられたとする．A がファジー論理で恒真の命題であるということを，真理値が常に1になることと定義する．例えば次の式は恒真の命題になっている．

$$(7) \qquad (A \supset B) \vee ((A \supset B) \supset B)$$

この証明をする．今 $[\![A]\!]=r$，$[\![B]\!]=s$ とおく．$r \leq s$ と $s<r$ の 2 つの場合に分けて証明する．

a）$r \leq s$ の場合

この場合は $\supset$ の真理値の定義から $[\![A \supset B]\!]=1$ となる．したがって

$$[\![(A \supset B) \vee ((A \supset B) \supset B)]\!] = 1$$

となって証明が終わった.

b)　$s<r$ の場合

この場合は ⊃ の真理値の定義から $[\![A \supset B]\!] = s$ となる. したがって

$$[\![A \supset B]\!] = [\![B]\!]$$

となり, それから

$$[\![(A \supset B) \supset B]\!] = 1$$

となり, それからさらに

$$[\![(A \supset B) \vee ((A \supset B) \supset B)]\!] = 1$$

となり証明が終わった.

同様の証明で次の3つの命題がファジー論理で恒真の命題であることがわかる. 読者は証明を試みよ.

(8)　$((A \supset B) \supset B) \supset ((B \supset A) \vee B)$

(9)　$\forall x (C \vee A(x)) \supset (C \vee \forall x A(x))$

ここに C は x を含まない論理式とする.

(10)　$(\forall x A(x) \supset C) \supset (\exists x (A(x) \supset D) \vee (D \supset C))$

ここに D は x を含まない論理式とする.

さてファジー論理はいかなる論理であろうか．ファジー論理は直観論理と古典論理との中間に属する論理であり，どちらかといえば古典論理よりは直観論理に近い論理である．これを見るために直観論理と古典論理とを区別する中心的役割を果たす排中律 $A \vee \neg A$ と，2重否定からそれ自身を出す $\neg\neg A \supset A$ について考えてみる．

今 $[\![A]\!] = \frac{1}{2}$ とおけば $[\![\neg A]\!] = 0$.

したがって $[\![A \vee \neg A]\!] = \frac{1}{2}$. したがって排中律はファジー論理で恒真の命題ではない．

次に再び $[\![A]\!] = \frac{1}{2}$ とおけば $[\![\neg A]\!] = 0$.

したがって $[\![\neg\neg A]\!] = 1$. これから $[\![\neg\neg A \supset A]\!] = \frac{1}{2}$ となり $\neg\neg A \supset A$ もファジー論理では恒真の命題とはならない．

一般論として次の定理が成立する．

定理　直観論理で成立する命題はすべてファジー論理で成立する．

しかしながらファジー論理は直観論理と同じ論理ではない．上にあげた4つの命題 (7), (8), (9), (10) はいずれもファジー論理では成立するが，直観論理では必ずしも成立しない命題の例になっている．

さてファジー論理の論理体系は，直観論理の論理体系 LJ に上の (7), (8), (9), (10) の命題を公理としてつけ加え，さらに次の推論図をつけ加えて得られる．

$$\frac{\Gamma \to A \vee (C \supset Z) \vee (Z \subset B)}{\Gamma \to A \vee (C \subset B)}$$

ここにZは命題を表わす変数で推論図の下のゼクエンツ$\Gamma \to A \vee (C \subset B)$のなかには含まれていないものとする.

最後にわれわれの$A \supset B$の真理値の定義について説明することにする. われわれの定義は次のものであった.

$$[\![A \supset B]\!] = \begin{cases} 1 & [\![A]\!] \leq [\![B]\!] \text{ のとき} \\ [\![B]\!] & [\![B]\!] < [\![A]\!] \text{ のとき} \end{cases}$$

この定義は次の2つの原則から出てくるものである.

(11)　$[\![A \supset (B \supset C)]\!] = [\![(A \wedge B) \supset C]\!]$

(12)　$[\![A \supset B]\!] = 1 \Longleftrightarrow [\![A]\!] \leq [\![B]\!]$

ここでまず（11）の原則の説明をする.

$A \supset (B \supset C)$も$(A \wedge B) \supset C$もともに“AとBからCが出てくる”という論理的概念を表わしている. したがってその真理値は等しい, というのが（11）の原則なのである.

次に（12）の原則を説明する.

もし$[\![A]\!] \leq [\![B]\!]$とすると, BのほうがAよりも確かな事実ということになる. ゆえにAが成立しているならば, もちろんBが成立しているに違いない. すなわち$A \supset B$が成立している. いいかえれば$[\![A \supset B]\!] = 1$となる.

逆に $[\![A\supset B]\!]=1$ とすれば $A\supset B$ が 100 パーセント正しいわけである．したがって A が正しいとすれば，B も正しいに違いない．すなわち $[\![A]\!]$ より $[\![B]\!]$ のほうが大きいか等しいに違いない．いいかえれば $[\![A]\!]\leq[\![B]\!]$ が出てくる．

以下に（11）と（12）の原則を認めてわれわれの $[\![A\supset B]\!]$ の定義を証明することにする．このためには次の２つを証明すればよい．

（13）　$[\![A]\!]\leq[\![B]\!]$ ならば $[\![A\supset B]\!]=1$

（14）　$[\![B]\!]<[\![A]\!]$ ならば $[\![A\supset B]\!]=[\![B]\!]$

まず（13）は（12）の原則からただちに出るから，（14）だけを証明すればよい．

そのため（11）の原則で A, B, C の文字を書き換えれば

（15）　$[\![C\supset(A\supset B)]\!]=[\![(A\wedge C)\supset B]\!]$

が出てくる．

ここで $C=B$ とおけば（15）は次の式となる．

（16）　$[\![B\supset(A\supset B)]\!]=[\![(A\wedge B)\supset B]\!]$

ところで $[\![A\wedge B]\!]\leq[\![B]\!]$ であるから（13）によって $[\![(A\wedge B)\supset B]\!]=1$ となり（16）から，次の式が出てくる．

（17）　$[\![B\supset(A\supset B)]\!]=1$

ここで（12）の原則を用いれば

(18)　$[\![B]\!] \leq [\![A \supset B]\!]$

が出てくる．

次に $C=(A \supset B)$ とおけば，明らかに

$$[\![C \supset (A \supset B)]\!] = 1$$

したがって（15）の式から

$$[\![(A \wedge C) \supset B]\!] = 1$$

となり，（12）の原則から

(19)　$[\![A \wedge C]\!] \leq [\![B]\!]$

が出てくる．ところで $[\![A \wedge C]\!] = \min([\![A]\!], [\![C]\!])$ であって，また（14）の証明をするためには

$$[\![B]\!] < [\![A]\!]$$

を仮定すればよいから（19）の式から

(20)　$\min([\![A]\!], [\![C]\!]) \leq [\![B]\!] < [\![A]\!]$

が出る．もし $[\![B]\!] < [\![C]\!]$ とすれば $[\![B]\!] < [\![A]\!]$ から

$$\min([\![A]\!], [\![C]\!]) \leq [\![B]\!]$$

に矛盾するから

(21)　$[\![C]\!] \leq [\![B]\!]$

が出てくる.

一方 $C=(A\supset B)$ とおいたのであるから

$$(22)\qquad [\![A\supset B]\!] \leq [\![B]\!]$$

が出て, (18) と (22) から

$$(23)\qquad [\![A\supset B]\!] = [\![B]\!]$$

が出てきて (14) が出て証明が終わった.

問題

1. $[\![A]\!]=\frac{1}{2}, [\![B]\!]=\frac{1}{3}, [\![C]\!]=\frac{2}{3}$ とするとき次の真理値を計算せよ.

(a) $[\![(A\supset B)\vee C]\!]$

(b) $[\![(B\supset C)\wedge A]\!]$

2. $[\![A(n)]\!]=\frac{1}{2}-\frac{1}{n+3}, [\![B(n)]\!]=\frac{1}{4}+\frac{1}{n+2}$ とするとき, 次の真理値を計算せよ. ただし x は自然数を表わすものとする.

(a) $[\![\forall x(A(x)\vee B(x))]\!]$

(b) $[\![\exists x(A(x)\wedge B(x))]\!]$

3. 次の命題はファジー論理で成立する命題であることを証明せよ.

(a) $((A\wedge B)\supset C)\supset((A\supset C)\vee(B\supset C))$

(b) $(A\supset(B\vee C))\supset((A\supset B)\vee(A\supset C))$

(c) $(A\supset B)\vee(B\supset A)$

(d) $\neg A\vee\neg\neg A$

(e)　$\neg(A \vee B) \longleftrightarrow (\neg A \wedge \neg B)$

(f)　$\neg(A \wedge B) \longleftrightarrow (\neg A \vee \neg B)$

(g)　$\forall x(C \vee A(x)) \longleftrightarrow (C \vee \forall x A(x))$

(h)　$\exists x(C \wedge A(x)) \longleftrightarrow (C \wedge \exists x A(x))$

第13章 計算論

この章では自然数から自然数への計算可能な関数について考える．本章で考える関数はすべて自然数から自然数への関数であるから，以下で関数といえば，自然数から自然数への関数を意味するものとする．

計算論とは計算可能な関数の理論である．計算可能の数学的定義を与える前に，計算という言葉の数学的内容を説明する．

計算は次の（A），(B)，(C）の条件を満たすものでなければならない．

（A） どうやって計算するかという有限個のはっきり決まった規則がなければならない．この規則は計算を実行する人間や機械が何か利口なことを考えて実行するというようなものを要求するものであってはならない．この規則は機械的に実行できるものでなければならない．

（B） この規則は偶然に依存するものであってはならない．例えば銅貨を投げて表が出れば何かをし，裏が出れば何かをするというような規則ではないものとする．その上きちんと実行できるものでなければならない．例えば1m

の長さを計るというように近似的にしかできないものは要求しないものとする.

(C) 計算は必ず有限個の操作のうちに完了するものとする.

一言でいえば, 計算とは, 機械的に実行できる機械的な規則で有限回で完了するものということになる. 現代ではこれを次のように表現することができる.

計算とは計算機のプログラムを作って計算機が実行できる操作をいう.

ここで計算機という言葉を用いれば, 千差万別の計算機があって混乱のもととなるから数学的には現実の計算機を数学的に抽象して考えられたテューリングの機械を意味するものとする. ここで断わっておくが, テューリングの機械はアラン・テューリング (Alan Turing) によって考え出されたものであるが, 歴史的にはテューリングが数学的にテューリングの機械を考えたほうが先で, 現実のいわゆる現代的計算機が考え出されたのはそのあとになっている. すなわちテューリングの機械は現代計算機の発生の1つの原因になっている.

上の計算機を用いての計算の定義において計算機をテューリングの機械でおきかえれば, 計算の定義をするためには, テューリングの機械の数学的定義を与え, テューリングの機械のプログラムの数学的定義を与えることによって定義することができる. しかしここではまったく異なった方法で計算可能な関数を全部を並べつくす方法を説明する．

定義　計算可能な関数とは次の3つの規則によって作られるすべての関数をいう．

(1)　$a+b, a\cdot b$ は計算可能な関数である．また $f_<(a,b)$ を次の式で定義すれば，$f_<$ も計算可能な関数である．

$$f_<(a,b)=\begin{cases}0 & a<b\text{のとき}\\ 1 & b\leq a\text{のとき}\end{cases}$$

さらに次の式で定義される関数 f も計算可能な関数である．

$$f(x_1,\cdots,x_n)=x_i$$

ここに $1\leq i\leq n$ とする

(2)　今 $g, h_1, h_2, \cdots, h_k$ が計算可能な関数とするとき，次の式で定義される関数 f も計算可能な関数である．

$$f(x_1,\cdots,x_n)=g(h_1(x_1,\cdots,x_n),\cdots,h_k(x_1,\cdots,x_n))$$

(3)　g が計算可能な関数であって，次の条件を満たすものとする．

$$\forall x_1\forall x_2\cdots\forall x_n\exists y(g(x_1,\cdots,x_n,y)=0)$$

このとき $f(x_1,\cdots,x_n)$ を

$$g(x_1, \cdots, x_n, y)=0 \text{ となるような } y \text{ のなかで最小の値}$$

によって定義すれば f は計算可能な関数である．

この定義において，(1) と (2) の規則の意味は明瞭と思うので (3) の規則について説明することにする．

今 (3) で述べたように g が計算可能な関数で

$$\forall x_1 \forall x_2 \cdots \forall x_n \exists y (g(x_1, \cdots, x_n, y)=0)$$

を満たしているものとする．このとき $g(x_1, \cdots, x_n, y)=0$ となる最小の y をどのように計算するか，その手続きを示せばよい．

まず第一に $g(x_1, \cdots, x_n, 0)$ を計算する．これは g が計算可能な関数であるから，計算することができる．計算した結果，その答えが 0 ならば，求める y が 0 であることがわかって

$$f(x_1, \cdots, x_n) = 0$$

となって f の計算が完了する．

もし $g(x_1, \cdots, x_n, 0)$ の答えが 0 でないならば，$g(x_1, \cdots, x_n, 1)$ を計算する．もしその答えが 0 となれば，前と同様に

$$f(x_1, \cdots, x_n) = 1$$

であることがわかり，計算が完了する．

もし$g(x_1, \cdots, x_n, 1)$も0でないならば，$g(x_1, \cdots, x_n, 2)$を計算する……とこのように$g(x_1, \cdots, x_n, y)=0$となるyが見つかるまで計算して行き，最初に見つかったyが$f(x_1, \cdots, x_n)$の値になっている．

ところで

$$\forall x_1 \forall x_2 \cdots \forall x_n \exists y (g(x_1, \cdots, x_n, y)=0)$$

という条件が満たされているから，有限回のうちにこの操作は完了し，したがってfが計算可能な関数であることがわかった．

さて，ここで説明したのは，定義の(1)，(2)，(3)で得られるすべての関数が計算可能であることである．定義の主なポイントはその上に逆にすべての計算可能な関数は(1)，(2)，(3)によって得られることである．これは計算可能な関数という概念がわれわれにとって直観的な概念であってその数学的定義が与えられていない時点では証明することのできない命題である．すなわち上の定義はそれによって計算可能な関数の数学的定義を与えたものである．

前に述べたように，計算可能な関数の数学的定義は，この定義の外にテューリングの機械を用いたもの，その他にいくつか違った定義がある．しかし，すべての定義が同等であることが証明されている．

以下に計算可能な関数の主な性質を述べることにする．

まず上の定義のなかの (1), (2), (3) はもちろん計算可能な関数の性質になっているから，以下にその続きという意味で (4) から始めることにする．

(4) 計算可能な関数全体の集合の濃度は可付番である．すなわち計算可能な関数の全体を

$$f_0,\ f_1,\ f_2,\ \cdots$$

と並べることができる．

この性質は上の定義の (1), (2), (3) から順々に作られる関数全体の集合の濃度が可付番であることから明らかであろう．またテューリングの機械による定義をとれば，計算機のプログラムの濃度が有限の記号の有限列の濃度であって，したがって可付番であることから明らかである．

(5) 計算可能でない関数が存在する．

これは自然数から自然数への関数全体の集合の濃度が実数の濃度であって，可付番より大きな濃度であることから明らかである．

さて計算可能な関数の具体的な例をいくつかあげることにする．いま c を $0, 1, 2, \cdots$ のどれかを表わす定数とする．

(6) $$f(x_1, \cdots, x_n) = c$$

で表わされる関数 f は計算可能な関数である．

この関数が計算可能であることは，どんな $x_1, \cdots, x_n$ が与えられても，その計算の答は c と答えて，計算の結果は c を書くだけであるから明らかである．

(1) によって加法と乗法とは計算可能な関数で，定数は (6) によって計算可能であるから (1), (2) によって，正の自然数を係数とする多項式が計算可能であることがわかる．負の整数の係数がある多項式でも，変数に自然数を代入したときにその答が必ず0か正になるものとすれば，その関数は計算可能である．もちろん答が負になる場合には，自然数から自然数への関数にならないから困るが，例えば負が出たときの答は0とする，というように自然数から自然数への関数に直せばやはり計算可能な関数になる．一般に身近な自然数から自然数への関数はすべて計算可能な関数であると思って大抵の場合は差支えない．例えば円周率 π を小数展開して

$$\pi = 3.14\cdots$$

としたときに小数点から n 桁目の数を $f(n)$ とおけば f は計算可能な関数となる．このようなことは現代のように計算機が日常の道具になった世の中では当然の常識であろう．

さて次に (5) で存在を保証された計算可能でない関数とは一体どのような関数であるか，その具体的な例を作ることにする．

(4) で説明したように，計算可能な関数をすべて並べることができる．したがって1変数の計算可能な関数をすべて並べることができる．そう並べたものを

(7) $$f_0(x),\ f_1(x),\ f_2(x),\ \cdots$$

とする．今2変数の関数 $f(a, b)$ を

(8) $$f(a, b) = f_a(b)$$

によって定義する．このときさらに $g(a)$ を

(9) $$g(a) = \begin{cases} 0 & f(a, a)\text{ が奇数のとき} \\ 1 & f(a, a)\text{ が偶数のとき} \end{cases}$$

と定義すれば $g(a)$ は計算可能でない関数の例になっている．

これを証明するために，今 $g(a)$ が計算可能な関数であると仮定する．1変数の計算可能な関数はすべて

$$f_0(x),\ f_1(x),\ f_2(x),\ \cdots$$

と並べられているから

(10) $$g(x) = f_n(x)$$

となる自然数 n が存在する．$f_n(x) = f(n, x)$ であるから

$$g(x) = f(n, x)$$

が成立し，したがって

$$(11) \qquad g(n) = f(n, n)$$

となる．ところで $f(n, n)$ を計算してその値が偶数であるとすれば g の定義から $g(n)=1$ となって（11）に矛盾する．したがって $f(n, n)$ を計算した結果が奇数であるとすれば g の定義から $g(n)=0$ となってやはり（11）と矛盾する．いずれにしても g が計算可能な関数とすれば矛盾するので g が計算可能な関数でないことがわかった．さらに $g(x)$ は $f(x, y)$ から容易に計算することができるので，$f(x, y)$ も計算可能でない関数であることがわかった．

次に現在計算論で大問題になっている話題について説明する．

今 $f(a)$ が計算可能な関数とする．1つの自然数 a が与えられたとして $f(a)$ をテューリングの機械で計算し始めたとする．このとき $f(a)$ の計算のために用いられたステップの数を $f(a)$ を計算するためにかかった時間という．実際の計算機の場合にステップの数が多いほど実際に必要とする時間も多くなるからこれは妥当な定義である．一方実際の時間のほうは計算機の性能に依存するから妥当ではなく，テューリングの機械のステップの数として定義するのが理論上望ましい．

さて今 $f(a)$ が計算できるとしても $f(a)$ を計算するための時間が何万年もかかるようでは，それは原則だけの話であって実用にはまったくならない．

したがって計算可能な関数という概念をさらに現実的に強めた概念として“実行可能という意味で計算可能な関数”という概念が大切な概念となる.

ところでこの $f(a)$ が“実行可能という意味で計算可能な関数”という意味は，よく吟味しなければならない．今 $f(a)$ を計算するときどんな a について計算するのか，ということが大切である．例えば a という数を書ききるために何万年もかかるような a について $f(a)$ の計算が何万年かかったとしても，それは $f(a)$ の計算が非実用的だということにはならない．それは f の計算に時間がかかりすぎたというよりは，a が大きすぎたために $f(a)$ の計算に時間がかかりすぎたということになる.

したがって $f(a)$ の計算が実行可能という概念は実は“a という自然数の大きさに対して $f(a)$ を計算する時間がそれほど大きくない”という概念であることが判明する.

この“実行可能な意味での計算可能な関数”の数学的定義は“多項式時間で計算可能な関数”という概念によって与えられている.

この“多項式時間で計算可能な関数”の厳密な数学的定義はこの講義の程度を超えるもので，ここではおこなわないが，多項式自身はもちろん多項式時間で計算できる関数の例になっている．より代表的な例は後ほど議論することにする．一方 2^x という関数はもちろん計算可能な関数であるが，今問題にしている“多項式時間に計算できる関数”ではない．ということは，2^x を計算するどんなプログラムを作っても，その計算に要する時間は，x が大きくなるに従って，非実用的にどんどん増大して行き，計算を実行するという意味では非実用的になってしまうことを意味している．

今自然数の命題 $P(a)$ を考える．

このときこの P が計算可能ということを，計算可能な関数 f で

$$(12) \qquad f(a)=1 \longleftrightarrow P(a)$$

となる関数 f が存在することと定義する．

今 P が計算可能で (12) の式が成立するものとする．

このときに，任意の自然数 a について

“$P(a)$ が成立するか？”

という問題は計算によって，すなわち計算機によって解くことができる．すなわち (12) の式を満たす計算可能な関数 $f(a)$ を計算して，その値が1ならば，$P(a)$ が成立し，その値が1でなければ $P(a)$ が成立しないことがわかる．

この計算可能な命題のことを決定可能な命題ともいう．

さて $P(a)$ が計算可能で $f(a)$ によって (12) の式が成立しているものとする．

$f(a)$ が多項式時間で計算可能な関数としたときに，$P(a)$ を多項式時間で計算可能な命題，または多項式時間で決定可能な命題という．

多項式時間で決定可能な命題全体の集合を $\mathcal{P}$ で表す．

今までの1変数の命題$P(a)$についての定義を，2変数の命題$P(a,b)$に拡張することにする．例えば，$f(a)=1\longleftrightarrow P(a)$は

$$f(a,b)=1 \longleftrightarrow P(a,b)$$

と拡張すればよい．このように2変数の命題が多項式時間で決定可能な命題という概念を1変数のときと同様に定義することができる．

今自然数の命題$P(a)$が$\mathcal{NP}$に属する命題であるということを，

$$P(a) \longleftrightarrow \exists x \leq f(a) Q(x,a) \tag{13}$$

が成立していて，ここにfは多項式時間で計算可能な関数，$Q(x,a)$は2変数の多項式時間で決定可能な命題であることと定義する．

このとき$\mathcal{P}$が$\mathcal{NP}$に含まれているということがほとんど明らかである．

ところで

すべての$\mathcal{NP}$に属する命題は$\mathcal{P}$に属する命題であるか？

という問題は現在情報科学において大問題になっていて，極端に難しい問題であるということが，すべての専門家の一致した意見になっている．この問題は$\mathcal{P}=\mathcal{NP}$問題として知られている．

ここで述べた$\mathcal{NP}$の定義は，多項式時間で計算可能な関数，および$\mathcal{P}$という，この講義では完全には定義されていない概念に基づいてなされている．以下に別の方法で$\mathcal{NP}$の完全な定義を説明する．

このために自然数の二，三の関数の定義が必要である．

(14)—(1)　$|x|$

ここで$|x|$は“xの長さ”と読み，$|x|$はxを2進法で表わしたときの長さと定義する．例えば$x=7$とすれば，2進法では111となるから，長さは$|x|=3$となる．

(14)—(2)　$\left[\!\left[\frac{1}{2}x\right]\!\right]$

ここで$\left[\!\left[\frac{1}{2}x\right]\!\right]$は“$x$のハーフ”と読む．この関数は$x$を2で割ったときの答をいう．すなわち$y=\left[\!\left[\frac{1}{2}x\right]\!\right]$とすれば，$x=2y$か$x=2y+1$が成立する．

(14)—(3)　$x\#y$

ここで#は“スマッシュ”と読む．$x\#y$は$2^{|x|\cdot|y|}$と定義する．

これらの関数を用いて次の定義をする．

定義　変数と0, 1, +, ・と (14)—(1), (14)—(2), (14)—(3) の関数記号を用いて作られるtermをS_2-termという．

ここでS_2というのはバス (S. Buss) がBounded Arithmeticという弱い算術の体系の理論のなかで提出した公理

系である．S_2-term の意味は，ちょうど S_2 での term になっているということである．

この定義に基づいて次の定義をする．

定義 t_1, t_2 が S_2-term であるとき，$t_1 \leq t_2$ と $t_1 = t_2$ の形の formula を S_2 の atomic formula という．S_2 の atomic formula から $\neg, \wedge, \vee, \supset$ を用いてつくられる formula を S_2 の QF formula という．ここで QF は quantifier free の略で，$\forall$ とか $\exists$ とかが 1 つも入っていないことを意味する．

説明は後として，ここで必要な定義をすべておこなうことにする．

定義 ある formula が Σ_1^b であることを，次の 4 つの条件によって定義する．

(15)—(1) すべての S_2 の QF formula は Σ_1^b の formula である．

(15)—(2) $A(a)$ が Σ_1^b の formula であって t が S_2-term であれば

$$\exists x \leq tA(x)$$

の形の formula も Σ_1^b の formula である．

(15)—(3) $A(a)$ が Σ_1^b の formula であって t が S_2-term であれば

$$\forall x \leq |t| A(x)$$

の形の formula も Σ_1^b の formula である.

(15)—(4)　以上の (15)—(1), (2), (3) によって得られる formula だけが Σ_1^b の formula である.

この定義の上で $\mathcal{NP}$ は 1 変数の Σ_1^b の formula の全体として定義される.

この新しい定義 Σ_1^b を説明する.

S_2-term で表わされる関数は多項式時間で計算できる関数になっている. 多項式はもちろん S_2-term で表わされる関数になっているが, 実は S_2-term のごく一部であって, S_2-term で多項式よりはるかに急激に増大するという意味で本質的に異なった S_2-term が存在する.

S_2-term が多項式時間で計算できる関数を表わすことから, S_2 の QF formula が $\mathcal{P}$ の命題を表わすことが直ちに出てくる.

したがって Σ_1^b の定義で説明を要するのは (15)—(2) と (15)—(3) の 2 つの条件となる.

まず (15)—(2) を考える.

この条件は $\mathcal{NP}$ の定義の (13) の式

$$\exists x \leq f(a) Q(x, a)$$

に相当する. もちろん (15)—(2) は何度も繰り返し用いることができる. 例えば 2 回繰り返せば

(16) $$\exists x_1 \leq t_1 \exists x_2 \leq t_2(x_1) A(x_1, x_2)$$

の形になる．しかしこれは何回繰り返しても (13) の式の形に直せることが証明される．

次に (15)—(2) を考えるためにまず次の性質が成立することに注意する．

(17) 2^x はどんな x の多項式より x が大きくなるときにはるかに急激に増大する．

さて $|x|$ は大体において 2^x の逆関数であるから，(17) の性質から次の性質が出てくる．

(18) x が増大するとき，$|x|$ の増大する仕方は，普通の多項式，例えば x と比べて無視してよい位小さい．

この (18) の性質から

$$\forall x \leq |t| A(x)$$

という形の $\forall x \leq |t|$ という部分は $|t|$ が小さいために，多項式時間の計算という性質を損わないという意味で無視することができるということになっている．

ここでの説明は大体の感じに過ぎないが，厳密な証明がもちろんなされている．

多項式時間の計算，$\mathcal{P}$ および $\mathcal{NP}$ は最近の大きな話題なので，説明を試みたが，興味をもたれる読者は専門書を参考にされたい．

問題　次の命題の正誤を判定せよ．

a. すべての自然数から自然数への関数は計算可能な関数である．

b. 計算可能な関数全体の集合の濃度は実数全体の集合の濃度に等しい．

c. 計算可能な関数全体の集合の濃度は可付番である．

d. $f(x)$ と $g(x)$ が計算可能な関数とすれば $f(g(x))$ も計算可能な関数である．

e. 係数がすべて正の自然数である多項式は計算可能な関数である．

f. $f(x,y)$ が計算可能な関数として，さらにすべての自然数 x についてある自然数 y で $f(x,y)=0$ となるものがあるとする．このとき $g(x)$ を $f(x,y)=0$ となるような y のうち最小のものと定義すれば，$g(x)$ は計算可能な関数である．

第14章　集合論の課題

集合論の公理の所で議論された公理的集合論の体系をここではZFCで表わす．Zはツェルメロ（Zermelo）の頭文字，Fはフレンケル（Fraenkel）の頭文字，Cは選択公理（Axiom of Choice）を表わす．

ZFCは安定した強力な公理系で，矛盾が出る心配はまずなく，現代数学はすべてその内部で展開することができる．現在では現代数学イコールZFCともいえる．ここではZFCの基礎づけを行うという立場ではなくてZFCを認めた上で，現代集合論の課題について述べる．したがってここではZFCの無矛盾性はつねに当然のことと仮定する．

まず第一に現在の数学の問題はすべてZFCでイエスかノーかのいずれかに解決されるであろうか？　この質問の意味は，数学の問題が与えられたときに直ちにイエスかノーかZFCで判定できるか？　という意味ではなくて，原理的にいつかはZFCでイエスかノーかどちらかに解決できるか？　ということを意味する．

このように問い直した上でも，この問題の答は否定的でノーである．これはゲーデルの不完全性定理から明らかで，ZFCが無矛盾とすれば，ZFCからイエスともノーとも解決できない算術の問題が存在する.

この状況はどのように考えるべきであろうか? われわれ人類はこれらの問題に対して永遠に答えることができないのであろうか? これはそうではない. 現在の ZFC で解決できない問題があるということは, ZFC に新しい公理が必要であるということであって, それ以上の意味ではあり得ない. すなわち新しい公理をどうやって見つけるかが問題であるに過ぎない. この新しい公理をどうやって見つけるかを考えるために元に戻って ZFC で解決できない典型的な問題を考えてみる. ゲーデルの不完全性定理によれば, それは ZFC の無矛盾性を算術の言葉で表現したものである. ところでわれわれは ZFC を信じるのであるから, われわれにとっては ZFC の無矛盾性は当然正しい命題であるに違いない.

すなわち ZFC で ZFC の無矛盾性を証明することはできないが, われわれは ZFC の無矛盾性が正しい命題である十分な根拠をもっているわけである. もう一度言い換えれば, ZFC の無矛盾性は新しい正しい公理として ZFC に付け加える第一候補になっている.

これと同様の操作によってわれわれは新しい正しい公理をいくらでも作ることができる. すなわち ZFC に ZFC の無矛盾性を表す命題を付け加えてできた公理系を $(\mathrm{ZFC})^1$ とする. 再びゲーデルの不完全性定理によって $(\mathrm{ZFC})^1$ の無矛盾性を表わす命題は $(\mathrm{ZFC})^1$ では解決できない新しい公理である. この公理を $(\mathrm{ZFC})^1$ に付け加えてできる公理

系を $(\mathrm{ZFC})^2$ とおく……とこのように $(\mathrm{ZFC})^n$ ($n=3, 4, 5, \cdots$) とどんどん大きな公理系を作って行くことができる．細かい技術的なことはここでは省略するが，$(\mathrm{ZFC})^n$ をすべての自然数 n について作ったあとに，そのすべてを含むより強力な公理系を作って，その公理系にまた再び同じ操作を施してますます強い公理系を作って行くことが，どこまでも可能である．

こう考えてみると，ここでの本質的な問題はZFCに新しい正しい公理を付け加えることができるか？ ということではなくて，ZFCに新しい正しい公理を付け加える，よりよい優れた方法をどうやって見つけるか？ ということであることがわかる．

次に現在の集合論で用いられている新しい公理を見いだす典型的な方法を説明することにする．その方法を一口でいえば“うんと大きな集合が存在する”という形の公理を付け加える方法ということになる．

定義　今集合 A が到達不可能であるということを次の条件が満たされていることと定義する．

(1)—(1)　$\omega=\{0, 1, 2, \cdots\}$ は A の元である．

(1)—(2)　$a\in A$ のとき $\mathcal{P}(a)\in A$ が成立する．ここに $\mathcal{P}(a)$ は a のベキ集合とする．

(1)—(3)　$a\in A$ で $b\in a$ ならば $b\in A$ である．

(1)—(4)　$a\in A$ で $b\subseteq a$ ならば $b\in A$ である．

(1)—(5)　$a\in A$ で f が a から A への任意の関数とす

れば $\{f(x)|x\in a\}$ は A の元である.

ここで詳しい説明は省略するが, A が到達不能な集合とすれば, A は考えられないくらい大きな集合になっている. その上 "到達不能な集合が存在する" という公理は現代の集合論の専門家がすべて信ずる新しい公理であって, 少なくとも ZFC の無矛盾性に比べてはるかに強い公理になっている. 大体の見当をいえば, A が到達不能のとき, A の元となる集合だけを考えても, それだけで ZFC の公理がすべて満足される集合の世界になっている.

このような "うんと大きな集合が存在する" という形の公理は large cardinal axiom と呼ばれる. 現代の集合論で人気のある large cardinal axiom を 1 つだけ次に紹介することにする.

定義 ある集合 A が測度可能であるということを次の条件が満たされていることと定義する.

(2) A のベキ集合 $\mathcal{P}(A)$ から $\{0,1\}$ への関数 μ で次の条件を満たすものが定義されている. 以下に $\mu(a)$ を "a の測度" とよぶ.

(2)—(1) $a\in A$ ならば, $\mu(\{a\})=0$

(2)—(2) $\mu(A)=1$

(2)—(3) $a_0, a_1, a_2, \cdots$ はすべて A の部分集合であって, すべての自然数 i について $\mu(a_i)=0$ とすれば

$$\mu(\bigcup_i a_i) = 0$$

が成立する.

(2)—(4)　$a \subseteq b \subseteq A$ とする．このとき $\mu(a)=1$ ならば $\mu(b)=1$ であり $\mu(b)=0$ ならば $\mu(a)=0$ である.

(2)—(5)　a, b は A の部分集合で $a \cap b = \phi$ とする．このとき

$$\mu(a) = \mu(b) = 1$$

となることはない.

この定義の上で，われわれの新しい公理は“測度可能な集合が存在する”と表わされる．この測度可能集合の存在の公理は到達不能集合の存在の公理に比べてはるかに強い公理になっている．一般に“うんと大きな集合の存在”の公理は，存在を保証される集合が大きければ大きいほど，強い公理になっている．ところで到達不能集合のなかで最小の到達不能集合が存在するが，その最小の到達不能集合は，どんな測度可能集合と比べてもはるかに小さい集合になっている．別の側面から言えば，到達不能集合の存在を仮定しても，それから出てくる興味のある数学的結果は皆無といってよいが，測度可能集合の存在公理からは，位相空間論や解析学などに興味のある新しい結果がいろいろと出てくる.

さて集合論の将来の課題は何であろうか？ 私は次のように思う．今数学の難問題で ZFC からはイエスともノー

とも証明できない問題があったときに，その問題に対して新しい正しい公理を発見して，その新しい公理を用いてその問題を解決する．これが何よりも将来の集合論の課題であると思う．

さて現在 ZFC から解釈できない典型的な問題は何であろうか？ たくさんある問題のなかでも連続体問題がその典型的なものであろう．連続体問題は“実数全体の濃度は $\aleph_1$ であるかどうか？”という問題であって，コーエンの強制法によって ZFC から独立であることが知られている．実は ZFC から独立であるばかりではなく，ZFC に測度可能集合の存在公理を付け加えてもまだ独立であることが知られている．

したがって連続体問題を解決するためには測度可能集合の存在公理よりははるかに強い公理を考え出す必要がある．事実現代の集合論では，supercompact 集合の存在公理，extendible 集合の存在公理などと呼ばれる測度可能集合の存在公理よりははるかに強い公理が数多く存在する．しかし現在のところこれらの公理が連続体仮説を解決する徴候は全然ない．

その意味では連続体問題は集合論にとっては 21 世紀への大きな課題といってよい．

さてどこまでもどこまでもますます大きい集合の存在を考えて行くということの根拠は一体どこにあるのであろうか？ 私はその考えの本質には数学的思想の自由性，数学

的創造の自由性があると思う．数学ではよく“ある性質$\varphi(x)$を満たすx全体の集合”，記号では$\{x|\varphi(x)\}$を定義する．ここには考えることができるということと創造するということが同一になっている世界がある．これはまさしく旧約聖書で，神が“光あれ”といって光を創造するのに似ている．集合論の創始者であるカントールは集合論を弁護して，“集合の本質はその自由性にあり”といっている．集合論の中心にはつねに新しいものを創り出そうというロマンチックな精神が存在する．その意味で，限りなく大なる集合を作って行くということは集合論の当然の宿命である．そしてそれによって今まで未解決であった数学のいろいろな問題が解けて行くということはいかにも集合論にふさわしいロマンにあふれた現象である．

ここでは主に large cardinal axioms について述べたが，集合論はもちろん large cardinal axioms だけではなくて，前にも引用したコーエンの強制法，それを書き直したスコット，ソロヴェイのブール値集合論，ゲーデルのL，それについてのジェンセンのダイヤモンド等々大切な話題や手法が多く存在する，しかもこれらは個々の分離した話題か手法ではなく，互いに相関して現在の豊かでスケールの大きい集合論を形成している．

今まで議論してきた集合論はもちろん古典論理に基づいた集合論である．ここで，もしわれわれが論理を古典論理から異なった論理に変えた場合にどのような集合論ができるかを議論することにする.

以下で実際に取り扱うのは前に述べたファジー論理の場合である. しかしここで考え方自身は普遍的で, ファジーに限らずいろいろ異なった論理に応用することができる.

今ファジー論理の真理値の全体の集合, すなわち実数の $[0,1]$ を $\mathscr{I}$ で表わすことにする.

今ファジー論理に基づいた集合論, ここでは $\mathscr{I}$ に基づいた集合論と呼ぶが, この集合論での集合を考えるために, 集合論の公理ではなくて, 集合論の思想的な原則について考えることにする.

集合論の世界は次の2つの原則によって作られる.

第一原則　順序数構成の原則

空集合 ϕ から出発して, 今まで構成した集合全体の集合を構成する. そしてその操作を限りなく繰り返す.

この原則を少しばかり実行してみる. まず空集合 ϕ が存在する. 今空集合を0で表わすことにする. この段階では今まで構成した集合は0だけであるから, 第一原則によって今まで構成した集合の全体の集合, すなわち0だけからなる集合 $\{0\}$ を構成する. この $\{0\}$ を1で表す. この段階では今まで構成した集合は0と1だけであるから, 再び第一原則によって, 今まで構成した集合全体の集合, すなわち要素が0と1だけの集合 $\{0,1\}$ を構成する. これを2と名付ける. このようにして $3=\{0,1,2\}$, $4=\{0,1,2,3\}$, …とすべての自然数に相当する集合を構成して行く. それが終わった段階で考えると，今まで構成した集合は自然数 $0, 1, 2, 3, \cdots$ であるから自然数全体の集合 $\{0, 1, 2, 3, \cdots\}$ を構成してこれを ω と名付ける．このようにして $\omega+1$, $\omega+2, \cdots, \omega+\omega, \cdots$ とどこまでも順序数を作って行く．

第二原則　ベキ集合を構成する原則

今ある集合 D が構成されたとする．このとき D の部分集合全体の集合，すなわち D のベキ集合 $\mathcal{P}(D)$ を構成する．

今，以上の2つの原則を用いて集合全体の世界を構成する．この集合全体の世界の構成は順序数の構成と並行して構成される．まず順序数0が構成されたときに V_0 として空集合を構成する．すなわち

$$V_0 = \phi$$

が成立する．以下順序数 α の構成に従ってそれに対応する世界の世界 V_α を次のように構成する．

まず $\alpha=\beta+1$ とする．この場合には仮定によって V_β はすでに定義されている．

このとき

$$V_\alpha = V_{\beta+1} = \mathcal{P}(V_\beta)$$

として定義する．

次に α が極限数の場合，すなわち α が0でも $\beta+1$ の形でもない場合を考える．このとき，すべての V_β $(\beta<\alpha)$ の

和として V_α を定義する．すなわち

$$V_\alpha = \bigcup_{\beta<\alpha} V_\beta$$

今，論理をファジー論理にかえれば，どのように変化するであろうか？

この場合われわれは第一原則は変更せず，第二原則だけをファジー論理の場合に変更する．

第二原則で出てくるベキ集合 $\mathcal{P}(D)$ は

$$\mathcal{P}(D) = \{A | A \subseteq D\}$$

と表すことができる．すなわち $\mathcal{P}(D)$ の構成のために必要な概念は“集合 A が D の部分集合”である，すなわち $A \subseteq D$ という概念である．

今，A の特性関数を f とする．

すなわち任意の元の $d \in D$ について

$$d \in A \longleftrightarrow f(d)=1$$
$$d \notin A \longleftrightarrow f(d)=0$$

が満たされているものとする．

このとき

$$[\![d \in A]\!]=1 \longleftrightarrow f(d)=1$$
$$[\![d \in A]\!]=0 \longleftrightarrow f(d)=0$$

が成立する．すなわち

(3) $$[\![d \in A]\!] = f(d)$$

がわかる.

したがって A が特性関数 f で表わされる D の部分集合であるということは, A が (3) の式を満たしているということで表わされる.

今後部分集合を特性関数で表わすことにする. このとき f が D の上のファジーの意味での特性関数であるということを

(4) $$f : D \to \mathscr{I}$$

が満たされていることと考える. このときファジーの意味での特性関数 f に対応する, ファジーの意味での D の部分集合 A は, すべての D の元 d について

(5) $$[\![d \in A]\!] = f(d)$$

なる関係を満たすものとする. この上で $\mathcal{P}^{\mathscr{I}}(D)$ をファジーの意味で D の部分集合になっているものの全体と定義する.

集合全体の世界 V は前に V_α 全体の和として定義された. 今 V_α の定義において, そこで用いた $\mathcal{P}(D)$ をすべて $\mathcal{P}^{\mathscr{I}}(D)$ に全部かきかえてできるものを $V_\alpha^{(\mathscr{I})}$ と書き, その全体の和を $V^{(\mathscr{I})}$ と書くことにする. このときこの $V^{(\mathscr{I})}$ がファジー集合論の集合の世界になっている. ファジー集合論では ZF 集合論が成立している. ただし論理はファジー

論理に変更しなければならない.

この漠然とした議論から，はっきりとしたイメージをもつことは難しいとしても，この構成からも集合論の世界で，たえず実行される創造の世界を多少とも味わってほしい.

問題 次の命題のうち正しいものをすべて選び出せ.

(a) ZFC のもとで測度可能集合の存在を仮定すれば到達不能集合の存在を証明することができる.

(b) ZFC のもとで到達不能集合の存在を仮定すれば測度不能集合の存在を証明することができる.

(c) ZFC からすべての集合論の命題はその肯定か否定かが証明できる.

(d) ZFC に測度可能集合存在の公理を付け加えても，それから肯定も否定も証明できない集合論の命題が存在する.

(e) ZFC に測度可能集合存在の公理を付け加えても連続体問題は肯定も否定も証明できない.

(f) ZFC の集合論のもとでは，測度可能集合存在の公理より強い公理は存在しない.

第15章　基礎論の将来

われわれは集合論の課題について考えたとき，基礎づけという問題を一応棚あげしたのであるが，集合論の基礎づけはどのように考えるべきであろうか？

この講座ではすでに自然数論の基礎論的研究について解説されている．しかし自然数論と集合論では本質的な大きな差が存在する．それは集合概念という新しい考え方が入っている点といってよいであろう．

したがって集合論の基礎づけを考えるためには，まず集合概念の基礎論的研究から始めなければならない．さて集合概念は数学ではどのように用いられているであろうか？その第一歩から始めると次のようになる．

今変数の動く範囲が定まっているものとする．ここで x についての命題 $A(x)$ が与えられたときに

$A(x)$ を満たす x 全体の集合，すなわち，記号で

$$\{x|A(x)\}$$

と表わされる集合を考え，その上で

$$(1)\qquad a\in\{x|A(x)\}\longleftrightarrow A(a)$$

が成立する．

この数学での集合の使用法からみれば，集合とは命題の別名にほかならない．すなわち今命題に対する変数$\alpha, \beta, \gamma, \cdots, \varphi, \psi, \cdots$を導入して，“$a$は命題$\alpha$を満たす”を$\alpha(a)$と書き，集合$A$を$A=\{x|\alpha(x)\}$と定義すれば

$$(2) \qquad a \in A \longleftrightarrow \alpha(a)$$

が成立する．この（2）の式を用いれば，集合Aを命題αに翻訳し，逆に命題αを集合Aに翻訳することができる．

このように集合を命題変数を用いて翻訳したときに上の（1）の式の意味は何であろうか？ 今集合$\{x|A(x)\}$に対応する命題変数をαとすれば，（1）の式は次の形となる．

$$(3) \qquad \alpha(a) \longleftrightarrow A(a)$$

したがって（1）の式の意味するところは（3）を満たすようなαが存在する，より正確に書けば次の（4）の式が成立することを意味する．

$$(4) \qquad \exists\varphi\forall x(\varphi(x) \longleftrightarrow A(x))$$

ここで，（3）でaと書いた所は，すべてのaについてを意味するから，（4）では$\forall x$と正確に書かれている．さらに（3）を満たすようなαが存在するという所も正確に$\exists\varphi$と表わされている．

さてこの考えに基づいて，以下ではゲンツェンのLKに命題変数$\alpha, \beta, \gamma, \cdots, \varphi, \psi, \cdots$を導入して，（4）が証明できる

ような体系を構成し，その体系を用いて集合概念の基礎論的研究をおこなう．ここで $\alpha, \beta, \gamma, \cdots$ は自由命題変数で，$\varphi, \psi, \cdots$ は束縛命題変数である．

LK の推論で，$\rightarrow \forall x(A(x) \longleftrightarrow A(x))$ は証明可能であるから，(4) は次の形の推論が許されれば直ちに得られる．

$$(5) \qquad \frac{\rightarrow \forall x(A(x) \longleftrightarrow A(x))}{\rightarrow \exists \varphi \forall x(\varphi(x) \longleftrightarrow A(x))}$$

さてわれわれはこの推論をさらに一般化するために次のアブストラクト（abstract）という概念を定義する．

定義　$A(a)$ が命題であって，x が $A(a)$ に入っていない束縛変数とするとき

$$\{x\}A(x)$$

の形をアブストラクトという．

アブストラクトの効用は，α を含んだ命題 $F(\alpha)$ の α に $\{x\}A(x)$ を代入することができるところにある．例えば $F(\alpha)$ を

$$\alpha(0) \wedge \forall x(\alpha(x) \supset \alpha(x+1)) \supset \forall x \alpha(x)$$

とする．このとき $F(\alpha)$ の α に $\{x\}A(x)$ を代入してできた formula $F(\{x\}A(x))$ は

$$A(0) \wedge \forall x(A(x) \supset A(x+1)) \supset \forall x A(x)$$

となる．ここではアブストラクトの自由命題変数 α への

代入の厳密な定義は省略するが $F(\alpha)$ のなかの論理記号の数についての帰納的な定義によって容易に定義される.

この準備の上で (5) は次の (6) の形に一般化される.

$$(6) \qquad \frac{\Gamma \to \Delta, F(\{x\}A(x))}{\Gamma \to \Delta, \exists \varphi F(\varphi)}$$

今同様に ∀ についての規則

$$(7) \qquad \frac{F(\{x\}A(x)), \Gamma \to \Delta}{\forall \varphi F(\varphi), \Gamma \to \Delta}$$

を導入し, さらに次の (8), (9) を導入する.

$$(8) \qquad \frac{\Gamma \to \Delta, F(\alpha)}{\Gamma \to \Delta, \forall \varphi F(\varphi)}$$

ここに α は推論図の下のゼクエンツのなかには入っていないものとする.

$$(9) \qquad \frac{F(\alpha), \Gamma \to \Delta}{\exists \varphi F(\varphi), \Gamma \to \Delta}$$

ここに α は推論図の下のゼクエンツのなかには入っていないものとする.

いま LK に命題変数 $\alpha, \beta, \gamma, \cdots, \varphi, \psi, \cdots$ を導入した上で, 上の (6), (7), (8), (9) の推論図を付け加えてできる体系は G^1LC と呼ばれている. G^1LC はまさしく基本的な集合概念を含んだ論理体系と考えられる. したがってその基礎論的研究が集合論の基礎づけの第一歩となるのである.

この G^1LC の基礎論的研究の中心的問題は G^1LC でゲンツェンの LK の基本定理の拡張が成立するか? という問

題である．この問題を純粋な有限の立場で解決するというのは至難な業である．私は有限の立場をその精神にそって拡張した立場で G¹LC の Π^1_1 と呼ばれる部分体系について，基本定理が成立することを証明した．その後高橋元男とプラヴィッツは独立に集合論を用いて G¹LC で基本定理が成立することを証明した．

しかし集合の基礎づけのために集合論を用いるのは望ましくないので，有限の立場を拡大した立場でできるだけ大きい部分体系について基本定理を証明しようという真剣な努力が続けられている．現在は Δ^1_2 と呼ばれる部分体系について有限の立場を拡大した立場で基本定理が証明されることが，シュッテ（Schütte），ブッホルツ（Buchholz）によって証明されている．

集合概念の基礎論的研究は至難な業でその進歩は遅々たるものである．しかし基礎論的研究によって得られた内容はその他の方法で得られたものとは比較にならないほど深いものである．その意味で研究者にとっては，難しくともやりがいのある仕事で，時間をかけてますます豊かな成果が出ることが期待される．

数学基礎論は狭い意味での数学の基礎づけに限らず，数学についての基本的な概念についても研究する．例えば今まで議論してきた“証明とは何であろうか？”とか“計算とは何であろうか？”との問に答えるものである．前者の答は基礎論研究の土台であり，後者の答は数学の決定問題——例えば群の語の問題やディオファンティンの問題など

――に欠くべからざる基本概念である．

数学基礎論は数学の基礎づけだけではなく，数学全体を考察する学問である．このため基礎論の研究は数学の構造についての研究となり，その応用として直接数学の研究に役立つことになる．例えば直観論理は位相空間と密接な関係がある．この関係は集合と古典論理との関係と類似のものであって，集合を位相空間の開集合，古典論理を直観論理でおきかえることによって得られる．

このことから基礎論的研究として，古典論理に基づいたZFCの代わりに同様な構成によって直観論理に基づいたZF集合論を構成すれば，そのようにしてできた直観論理の集合論と位相数学との間に密接な関係が見いだされる．例えば群の層という概念が現代数学で用いられるが，この群の層は直観論理での集合論における群自身に対応する．

この講義ではファジー論理を取り上げたが，ファジーは現在出発したばかりの理論といってよく，その意味を吟味することは，ファジーの数学を発展させること以上に大切なことであるが，この講義で述べたようにファジー論理に基づいた集合論を展開することができ，その集合論の性質が研究されている．その結果としてファジー論理での初等解析学が古典的な解析学と一致することが証明された．

この講義も終わりに近くなった．ここでこの講義ではふれる機会がなかったモデルの理論について一言付け加えることにする．

数学で群とは群の公理を満たす構造をいう．群論は群についての理論であるが，その対象は群という構造である．いまある理論があるとき，その理論を満たす構造をその理論のモデルという．すなわち数学では理論を作るのであるが，対象自身はモデルである．このモデルの性質を調べるのがモデルの理論である．もっとも数学自身はつねにモデルの性質を調べているのであるが，モデルの理論というのは個々の構造に限らない構造一般についての一般論を展開しているといってよいであろう．したがってその一般論を個々の構造に応用することによってモデルの理論は直接数学に役立つことがしばしばある．最近モデルの理論の発展とともにそのような応用がふえつつある．

最後に情報科学と基礎論との関係について述べる．情報科学は現在のところ計算機についての科学と言ってよいと思う．計算機と基礎論との関係はすでに計算論の所で説明されたが，それだけではなく，計算機は一定のプログラムに従って一歩一歩計算して行き，一方証明は一定のルールに従って一歩一歩証明して行く．これは外観的な類似だけではなく，調べれば調べるほど本質的な相関関係があることが最近判明している．これ以外に基礎論のすべての分野と情報科学は密接に結びついている，と考えられるのが最近の傾向である．

数学では長い間物理との交流がその進歩の大きな動因であった．同じように基礎論にとって情報科学との交流が今後基礎論発展の大きな動因になると信じられる．

現在情報科学は人工頭脳，ニューロコンピューターのほうに進みつつある．そうなれば基礎論との関係はますます深くなって行くであろう．

解　説

田中 一之

本書は，1990年以来数年間繰り返しラジオ放送された放送大学の同名講義の教科書を，文庫サイズに組み直したものである．講師は，日本を代表する数学基礎論の研究者である故・前原昭二先生と竹内外史先生で，全15回（1回45分）のうち前半10回は前原先生が数学基礎論の「生い立ち」について講じられ，後半5回は竹内先生が比較的新しい研究の話を紹介された．

まえがきによると，「特別な予備知識を仮定せずに（中略）一般読者のための入門書としても役立ち得るもの」になっているので，今回ちくま学芸文庫に収録されることにより，その意向が一層生かされる形で蘇ったことになる．とはいえ，かなりユニークな内容の入門書である．前原先生は数学基礎論がどのような問題意識から生まれてきたかというこの分野の入口付近の様子を語り，竹内先生はこの分野がどのように応用されているかという出口付近の話をされる．つまり，内省的な印象の強いこの学問分野に対して，両大家はあえて外側の活動面を描いてみせたのである．それは，この分野のあり方への問題提起でもあった．

以来30年近い年月を経て数学基礎論は大きく発展し，新しい話題もつぎつぎに生まれているが，本書はいま読んでも躍動感のある秀逸な入門書である．ただ，インターネットも携帯も普及していないのんびりした時代の共同体的な知識は，大量の情報と多様な価値観に囲まれている忙しない現代人には咀嚼しにくい向きがあるかもしれない．例えば，本書前半の重要テーマは「1階論理」のはずだが，本文では「数学的推論の形式化」というだけでその論理が何かとは明示していない．しかし，情報科学等の普及から様々な論理が出回る現況では，それが「1階（古典）論理」であると認識しておくことが大事である．

本書の読み方にもいろいろあって良いと思うのだが，以下の解説では，現在の数学基礎論（一般に「ロジック」と呼ばれる）への接続を考えた際に懸念されるような注意点に絞って述べてみたい．これは私個人の見解であり，本書の意図とは必ずしも一致しないのでここで本を閉じて下さって構わないのだが，もしもどこか一点でも読者諸賢のロジック理解に役立つなら望外の幸せである．

数学基礎論とは何か？

「数学基礎論は20世紀とともに始まった新しい数学の分野であり，初等中等教育における数学のなかにはその原始的形態すら見いだすことができない」とまえがきにある．ただ，「数学基礎論」が何を指すのかはあまり明確にされていないように思う．少なくとも本書前半の山場は10章のゲンツェンの無矛盾性証明（1936年）になるだろうが，数学基礎論はゲンツェン以前に成立している．

ヒルベルトとベルナイスの古典的名著『数学基礎論』(第1巻1934年）の冒頭には，この分野が次の3つの研究成果の上に成り立っていると述べられている．

1. 幾何学基礎論に代表される公理的方法
2. 算術化による解析学の基礎付け
3. 算術と集合論の基礎論的研究

1については，19世紀末のヒルベルトの研究が有名であるが，公理的方法自体は古代ギリシャのアリストテレスやユークリッドに遡れる．2に関しては，19世紀のコーシー，ワイエルシュトラス，そしてカントルらの研究がよく知られる．3に対する最大の貢献者は19世紀のフレーゲであると思うが，その名は本書に登場しない．

1936年に誕生したロジック初の専門誌「Journal of Symbolic Logic」の第1巻には，この分野の過去の全文献と称する目録が載っており，それは1666年のライプニッツの『結合法論』で始まる．したがって，ライプニッツを現代ロジックの始祖と考える人は多いだろう．もっともそれは「ロジック」であって,「数学基礎論」ではないといわれるかもしれないが，現在ロジックの専門誌は世界に10くらいあるのに,「数学基礎論」の名の付くものは1つもないから，数学基礎論の独自性を訴えることにはあまり意味はなさそうである．

集合論は数学の基礎か？

1, 2 章では，数学の基礎として集合論とその公理系 ZF が解説されている．集合論は数学にとって必要不可欠な言葉であり，またある程度普及もしているから，これを最初に取り上げることはうなずけるし，説明も要を得てわかりやすい．ただ，この後の章で数学全体を公理的集合論に還元させる思想が垣間見られることにはやや戸惑いを覚える．後の 14 章で説明されるように公理的集合論は決して盤石（ばんじゃく）不動ではないし，「集合」を使って数を定義しても数学の世界が見やすくなるわけではないからである．さらに，14 章の議論から明らかなように，集合論にとって重要なのは演繹体系ではなく，そのモデルの性質である．個人的な感想としては，8 章の自然数論の演繹体系をもっと早めに導入して，数学的帰納法の役割などについて説明していただきたかった．

数学的推論の形式化

3, 4, 5 章では自然演繹体系 NK が，そして 8 章では LK と呼ばれる体系が導入されるが，それらが「1 階論理」の形式化であるという説明はない．数学の議論全般を形式的に記述するためにフレーゲが創出した述語計算から，1 つの数学的構造を記述するための仕組みとしてヒルベルトが抜き出したのが 1 階論理（狭義関数計算）である．それは，その構造の要素を動く変数のみを持っていて，要素の集合を動く変数は持たない．例えば，頂点と辺からなるグラフ構造を対象とすれば，2つの頂点が（固定した）長さ n の道で繋がっていることは1階論理で記述できるが，（どんな長さでもよい）道で繋がっていることは2階論理でないと記述できない．1階論理は数学的にもこのような制約のある論理であるが，ヒルベルトはその有用性に注目して，証明可能性と恒真性が一致するかという問題を提起した．それに肯定的な答えを与えたのがゲーデルの完全性定理（1930年）である．この定理は，それ以前のレーベンハイムやスコーレム，それ以降のタルスキやヘンキンらの仕事を伴って「モデル理論」という大きな流れを形成することになる．それについて，本書では最終章に一言触れられるだけである．

不完全性と決定不能性

6, 7章では，ゲーデルの不完全性定理（1931年）が解説される．自然数論が後の8章で導入されるため，ここではZF集合論に対しての不完全性定理が述べられる．しかし，ZF集合論の不完全性をいうなら，たとえば選択公理や連続体問題のような例をその根拠にするのが相応しいだろう．本来，ゲーデルの（第一）不完全性定理は公理的方法によって真偽判定できない算術命題があることを示したものである．この定理は何より，ヒルベルトが「数理論理学の主問題」と呼んだ決定問題に対する挑戦であったことに注意しておきたい．この問題に対する完全な否定解答は1936年にチャーチとチューリングによって与えられたが，彼らの結果とそれに先立つゲーデルの仕事は計算機科学を生み出すきっかけにもなっている.

自然数論の無矛盾性証明

8章で形式的自然数論が導入され, 9章でその無矛盾性証明の意義が語られ, 10章でその証明のアイデアが述べられる. ゲンツェン流の証明論としては, クライマックスになるところであるが, この簡単なアイデアだけで議論の全容を想像するのはとても難しい. 別の難点として, 7章まであえてZF集合論をベースに議論を展開し, ゲーデルの第二不完全性定理さえもZF集合論の無矛盾性が証明できないという主張として述べていることがある. ZF集合論では, 自らの無矛盾性は証明できなくても, 自然数論をはじめ, 多くの体系の無矛盾性をゲンツェンの方法によらずにモデルを構成して簡単に示すことができる. それで何が問題なのかというと, 要するに, 集合論が盤石な基礎になっていないからなのであるが, そうすると7章までの議論を振り返って混乱しそうなところである.

非古典論理

担当が竹内先生に変わり, 11章で直観（主義）論理, 12章でファジー論理について述べられる. 10章までの古典論理の特徴づけがあまり明確でなかったため, これら非古典論理の特徴もややわかりにくいかもしれない. 直観主義論理は演繹体系として扱われ, 8章の古典論理と重複する扱いが多い一方，ファジー論理は意味論的に定義され，対応する古典論理の議論はなかった．ふつうに考えると，最初から非古典論理を1階論理の枠組みで導入するのはかなりハードルが高いはずだが，それを簡単そうにさらっと語るのが竹内先生の特技であろう．

計算論

13章は，計算可能関数の定式化と，限定算術による計算量理論の問題を扱う．計算不可能な関数の存在を示しているので，それと不完全性定理（決定問題）との関係にも触れてもらえるとよかった．そうすれば，なぜ計算論が数学基礎論なのかが腑に落ちると思う．限定算術の話は大変難解だが，このような形で計算量理論と演繹体系が結びつくという発見は，数学基礎論の将来に希望を抱かせるものである．

数学基礎論の課題

14章では集合論の課題，15章ではさらに一般的な数学基礎論の展望が語られる．とくに14章では，巨大基数が導入され，その存在を仮定しても連続体問題のような命題の真偽が決定できないことが述べられている．15章では，自然数論の無矛盾性に比べて，集合論の無矛盾性を示すことが難しいことが述べられているが，この本は集合論から始まっているためにその意義が理解しにくいことは上でも指摘した．最後に，基礎論の目的が基礎付けだけではなく，数学の構造についての研究に広がっていることが語られ，そういう広がりの中で人工知能との関係における数学基礎論の有用性が主張されている．これまでも数学基礎論は演繹体系や計算論の応用を通じて人工知能の発展に寄与してきたが，最近は**人間の多様な知的活動に対するロジックの研究も進んでいるから，今後**さらなる応用を模索しながら数学基礎論は一層の深化を遂げるであろう．

おわりに

私は著者の両先生より一世代下であり，学生時代に両先生の授業を何度か聴講させていただいた．この放送の頃には新米助教授で，自分の講義に役に立つのではないかとラジオに耳を傾けていたことを懐かしく思い出す．この解説は，両先生の学恩に報いる気持ちでお引き受けし，最近のロジックの視点から若干の言葉を加える程度のつもりで書き始めたのだが，つい悪学生の頃の気分で調子に乗って書き過ぎたかもしない．失礼の段どうかお許し願いたい．

参考文献

[1] D. Hibert and P. Bernays, *Foundations of Mathematics I*, Part A: Prefaces and §§ 1-2, College Publications, U.K.（2011）．ヒルベルトとベルナイスの不朽の名著『数学基礎論 1』（1934, 1968）の §§ 1-2 の独英対訳に詳しい解説をつけている．別に日本語の抄訳（吉田夏彦・渕野昌訳『数学の基礎』，シュプリンガー・フェアラーク東京，1993）もあるが，初等算術と有限の立場を説明した § 2 は含まれていない．

[2] Gaisi Takeuti, *Proof Theory*, 2nd ed., 1987（Dover 社版 2013）．初版（1975）では話題をゲンツェン流の証明論に絞っていたが，第2版では逆数学などの新しい話題を取り上げ，証明論の魅力をさらに引き出すことに成功している．

[3] 田中一之著，述語論理入門，『ゲーデルと20世紀の論理学』第2巻，東京大学出版会，2006．1階論理に関する様々な形式化を比較解説した．

[4] 田中一之著，『ゲーデルに挑む』，東京大学出版会，2012．ゲーデルの不完全性定理の原論文を読むための必携マニュアル．全文を逐語的に徹底解説した．

[5] ガワーズ編『プリンストン数学大全』（朝倉書店，2015）の項目「集合論」（J. バガリア著，pp. 683-704）は，集合論の基礎から先端研究までを広くカバーする．同じく項目「ロジックとモデル理論」（D. マーカー著，pp. 704-717）は，モデル理論からのロジック入門．

（たなか・かずゆき／東北大学大学院理学研究科教授）

索　引

タ　行

ナ　行

ハ　行

マ　行

ヤ　行

ラ・ワ行

本書は一九九〇年三月二十日、放送大学教育振興会から刊行された。

πの歴史
ペートル・ベックマン
田尾陽一／清水韶光訳

円周率だけでなく意外なところに顔をだすπ。ユークリッドやアルキメデスによる探究の歴史に始まり、オイラーの発見したπの不思議にいたる。

やさしい微積分
L・S・ポントリャーギン
坂本實訳

微積分の基本概念・計算法を全盲の数学者がイメージ豊かに解説。版を重ねて読み継がれる定番の入門教科書。練習問題・解答付きで独習にも最適。

科学と仮説
アンリ・ポアンカレ
南條郁子訳

科学の要件とは何か？　仮説の種類と役割とは？　数学と物理学を題材に、関連しあう多様な問題を論じる。規約主義を初めて打ち出した科学哲学の古典。

フラクタル幾何学(上)
B・マンデルブロ
広中平祐監訳

「フラクタルの父」マンデルブロの主著。膨大な資料を基に、地理・天文・生物などあらゆる分野から事例を収集・報告したフラクタル研究の金字塔。

フラクタル幾何学(下)
B・マンデルブロ
広中平祐監訳

「自己相似」が織りなす複雑で美しい構造とは。その数理とフラクタル発見までの歴史を豊富な図版とともに紹介。

数学基礎論
前原昭二
竹内外史

集合をめぐるパラドックス、ゲーデルの不完全性定理からファジー論理、P＝NP問題などのより現代的な話題まで。大家による入門書。（田中一之）

現代数学序説
松坂和夫

『集合・位相入門』などの名教科書で知られる著者による、懇切丁寧な入門書。組合せ論・初等数論を中心に、現代数学の一端に触れる。（荒井秀男）

不思議な数eの物語
E・マオール
伊理由美訳

自然現象や経済活動に頻繁に登場する超越数e。この数の出自と発展の歴史を描いた一冊。ニュートン、オイラー、ベルヌーイ等のエピソードも満載。

フォン・ノイマンの生涯
ノーマン・マクレイ
渡辺正／芦田みどり訳

コンピュータ、量子論、ゲーム理論など数多くの分野で絶大な貢献を果たした巨人の足跡を辿り、「人類最高の知性」に迫る。ノイマン評伝の決定版。

ちくま学芸文庫

数学基礎論

二〇一七年一月十日　第一刷発行
二〇二二年四月十五日　第二刷発行

著者　前原昭二（まえはら・しょうじ）
　　　竹内外史（たけうち・がいし）

発行者　喜入冬子

発行所　株式会社　筑摩書房
東京都台東区蔵前二―五―三　〒一一一―八七五五
電話番号　〇三―五六八七―二六〇一（代表）

装幀者　安野光雅
印刷所　株式会社精興社
製本所　株式会社積信堂

ISBN978-4-480-09763-7 C0141